AF496701

TÉLÉPHONIE
PRATIQUE

PAR

L. MONTILLOT,

INSPECTEUR DES POSTES ET DES TÉLÉGRAPHES

AVEC 77 FIGURES

PREMIER SUPPLÉMENT

PARIS

A. GRELOT, ÉDITEUR DE L'ENCYCLOPÉDIE ÉLECTRIQUE

18, RUE DES FOSSÉS-SAINT-JACQUES, 18

1895

Tous droits réservés.

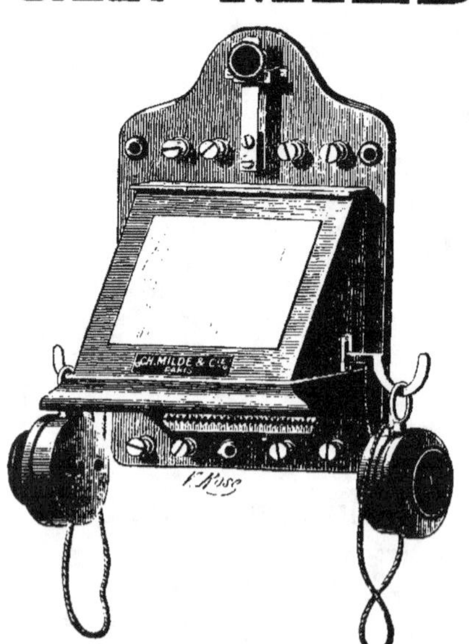
CH. MILDE & CIE
PARIS

Téléphonie pratique

premier établissement

TÉLÉPHONIE

PRATIQUE

PREMIER SUPPLÉMENT

OUVRAGES DU MÊME AUTEUR

La Télégraphie actuelle en France et à l'Etranger.

L'Éclairage électrique (générateurs, foyers, distribution, applications).

La Maison électrique (en collaboration avec C.-J. Montillot, professeur à l'école Colbert).

ENCYCLOPÉDIE ÉLECTRIQUE

TÉLÉPHONIE
PRATIQUE

PAR

L. MONTILLOT, ✻

INSPECTEUR DES POSTES ET DES TÉLÉGRAPHES

AVEC 77 FIGURES

PREMIER SUPPLÉMENT

PARIS

A GRELOT, ÉDITEUR DE L'ENCYCLOPÉDIE ÉLECTRIQUE
18, RUE DES FOSSÉS-SAINT-JACQUES, 18

1895

PRÉFACE

Depuis la publication de notre ouvrage intitulé Téléphonie pratique, *les réseaux téléphoniques ont pris une
grande extension. La plupart des récepteurs et des transmetteurs admis par l'État ont été modifiés et notablement
améliorés, conformément à des données générales fournies
aux constructeurs par l'Administration des Postes et des
Télégraphes. Divers appareils accessoires nouveaux ont
été utilisés sur les réseaux. Les tables de coupure et de
jonction de M. Mandroux ont inauguré un nouveau
système d'exploitation, permettant d'affecter une ligne
interurbaine unique au service de plusieurs stations éche-
lonnées sur cette ligne, les réseaux urbains extrêmes et
intermédiaires pouvant être indifféremment à simple ou
à double fil.*

*L'accueil bienveillant dont notre ouvrage a été l'objet
nous a engagé à tenir nos lecteurs au courant des modifications survenues depuis sa publication. Tel est l'objet
du présent fascicule qui forme un premier supplément à*
Téléphonie pratique, *et qui contient des descriptions
absolument inédites pour la plupart.*

Nous aurions voulu comprendre dans ce travail une

étude détaillée du commutateur multiple installé à l'hôtel
des Téléphones, rue Gutenberg, et qui a amené la suppression de presque tous les bureaux centraux de Paris.
Ce meuble, destiné à desservir six mille abonnés, a déjà
donné d'excellents résultats. Cependant, dans le but
d'accélérer l'échange des communications, on a récemment
imaginé un nouveau mode d'exploitation, qui a nécessité
quelques remaniements de détail dans les communications
électriques si compliquées de ce vaste tableau. Nous avons
dû, dès lors, pour que notre étude fût absolument complète,
en ajourner la publication jusqu'à l'achèvement des travaux
en cours. Elle fera l'objet d'un second supplément qui
paraîtra avant la fin de l'année. Ce nouveau fascicule
contiendra le dessin de tous les organes du multiple et
un grand nombre de figures schématiques représentant
les différents circuits.

L. MONTILLOT.

Paris, le 1er novembre 1894.

TÉLÉPHONIE PRATIQUE

1ᵉʳ SUPPLÉMENT

I

Appareils d'abonnés, nouveaux, modifiés ou rayés des listes d'admission sur les réseaux de l'État.

PRÉLIMINAIRES. — RÉCEPTEURS : Récepteurs Ader, d'Arsonval, Aubry, Bancelin, Bréguet, Colson, Deckert, Degryse-Werbrouck, Dejongh, Dumoulin-Froment et Doignon, Gallais, Goloubitsky, Journaux, Maiche, Massin, Mercadier (bitéléphone), Mercadier et Anizan, Mildé, Morlé et Porché, Mors-Abdank, Ochorowicz, Pasquet, Roulez, Sieur, Teilloux, Testu. — PILES MICROPHONIQUES : Pile Germain, dite pile bloc. — TRANSMETTEURS : Transmetteurs Ader, d'Arsonval et Paul Bert, Bancelin, Berthon, Bourdin, Bourseul, Bréguet, Chateau, Crossley, Deckert, Degryse-Werbrouck, Dejongh, Gallais, Journaux, de Lalande, Maiche, Mercadier et Anizan, Mildé, Morlé et Porché, Mors-Abdank, Ochorowicz, Pasquet, Roulez, Sieur.

PRÉLIMINAIRES

Dès que les premiers réseaux téléphoniques urbains furent installés en France, la lutte s'engagea entre les constructeurs d'appareils. Certains réseaux étaient exploités par la Société générale des téléphones, d'autres restaient la propriété de l'État. Évidemment, la Société n'admettait sur ses réseaux que les appareils dont elle possédait les brevets; mais l'État restait libre d'adopter pour son service tels appareils qui lui convenaient; il avait intérêt même, tout en n'admettant que des instruments de premier choix, à établir la concurrence entre les fabricants, de façon à faire profiter les abonnés des perfectionnements que cette concurrence ne manquerait pas de faire naître.

Le nombre des types de téléphones, d'abord restreint, augmenta rapidement, à mesure que la téléphonie elle-même se développait.

Le 1er septembre 1889, l'État prit à sa charge l'exploitation de tous les réseaux. L'abaissement des taxes qui en résulta eut pour conséquence une augmentation considérable dans le nombre des abonnements.

Chaque constructeur d'appareils électriques voulut avoir son modèle de téléphone. Beaucoup cherchèrent à produire à bon marché. Il en résulta que, si les appareils avaient bel aspect, si les parties visibles étaient soignées, les organes cachés n'étaient pas toujours d'un fini irréprochable. « Du moment que l'appareil fonctionne bien, disait-on dans les milieux intéressés, cela suffit. » Non, cela ne suffit pas, et l'Administration chargée des réparations, tant pour son compte que pour celui des abonnés, ne pouvait se désintéresser de la question. Aussi, le 10 juin 1892, adressait-elle aux constructeurs un programme auquel ils devaient se conformer, à dater du 1er janvier 1893, sous peine de voir prononcer l'interdiction de l'emploi de leurs appareils sur le réseau.

Ce programme contenait les prescriptions suivantes :

« 1° Toutes les vis entrant dans la construction des appareils téléphoniques devront être faites avec des tarauds fabriqués avec un jeu qui sera établi par les soins du Dépôt central des Télégraphes et dont un exemplaire sera remis aux constructeurs qui en feront la demande.

« 2° Les contacts à butée seront absolument proscrits et remplacés par des contacts à frottement.

« 3° Il y aura lieu de supprimer les boudins qui sortent des joues des bobines d'induction. Noyer dans ces joues des plots métalliques sur lesquels on prendra les communications avec les circuits de la bobine.

« 4° Ne faire usage que de paillettes d'acier, avec contacts platinés, pour les ressorts de communication.

« 5° Le ressort antagoniste du crochet mobile devra fonctionner, d'une façon normale, sous des poids de 200 à 600 grammes attachés au crochet.

« 6° Les vis à bois seront remplacées par des vis à métaux ou par des boulons. Les têtes des boulons seront munies d'un pied et les écrous refendus, pour permettre le serrage au tournevis.

« 7° Toutes les communications seront établies en fil de cuivre, recouvert d'un isolant avec tresse de coton ou de soie et terminé par des poulies en laiton. La tresse sera rouge pour le circuit primaire, bleue pour le circuit secondaire, jaune pour le circuit d'appel et des trois couleurs pour les fils communs à plusieurs circuits.

« 8° Les bornes auront la disposition et porteront les indications figurées ci-contre :

$$L_1 \quad L_2 \qquad S_2 \quad S_1$$
$$ZM \quad CM \qquad ZS \quad CS$$

« 9° On n'emploiera, pour les joues des bobines d'induction, que du bois de buis, bien sec et bien sain.

(Depuis, l'emploi de l'ébonite a été autorisé.)

« 10° Les cordons souples seront attachés sur les récepteurs à des bornes extérieures.

« 11° Les membranes des récepteurs seront vernies. »

Enfin, l'Administration, sans en faire une obligation, conseille l'adoption des dispositions suivantes :

« 1° Fendre les têtes des boutons pour permettre le serrage au tournevis.

« 2° Placer le crochet commutateur à gauche, ce qui permet à la personne qui se sert du téléphone d'avoir la main droite libre.

« 3° Ne plus faire usage, pour les bobines des récepteurs, de bobines en bois qui se fendent, et employer, au contraire, des joues métalliques soudées sur le noyau, en veillant à ce que cette carcasse métallique soit bien isolée du fil qu'elle supporte. »

La plupart des constructeurs d'appareils téléphoniques se sont conformés à ces prescriptions et ont présenté des appareils répondant aux nouvelles exigences; quelques-uns se sont abstenus, et leurs appareils ne sont plus admis sur les réseaux français; d'autres, enfin, en ont profité pour apporter à leurs systèmes des améliorations plus étendues que celles que l'Administration réclamait, et qui avaient principalement pour but de diminuer les chances de dérangements et de faciliter l'entretien.

Nous nous plaisons à reconnaitre que le programme de l'Administration a provoqué une sorte d'émulation entre les constructeurs, et que les nouveaux types de récepteurs et de transmetteurs sont beaucoup plus soignés que les anciens.

RÉCEPTEURS

Récepteurs Ader. — Dans les récepteurs Ader, déjà admis sur les réseaux, la forme seule du pavillon a été changée. Peu épais, très évasé, le pavillon des anciens récepteurs était

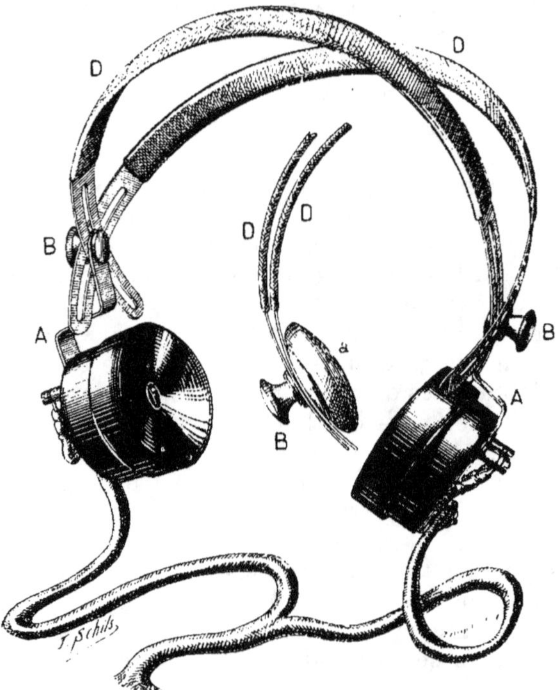

Fig. 1. — Récepteurs Ader (serre-tête).

fragile; le nouveau pavillon est plus aplati, donne moins de prise aux chocs, et, par suite, est plus solide.

La Société industrielle des téléphones a fait adopter, pour le service des abonnés, deux modèles de récepteurs *serre-tête*, analogues à ceux dont on faisait déjà usage dans certains bureaux centraux.

L'un de ces modèles (*fig. 1*) comprend deux récepteurs numéro 3, dont le boitier est en ivorine. A chacun de ces récepteurs est adaptée une queue en aluminium A, qui, au moyen d'un bouton de serrage B, est assujettie dans les glissières de deux ressorts D D, également en aluminium. Ces deux ressorts se placent sur la tête, et, par une légère pression, appliquent les deux récepteurs sur les oreilles de la personne qui veut écouter. En desserrant un peu les boutons qui unissent les récepteurs aux ressorts, et en les resserrant ensuite, on peut donner au système la position la plus commode, soit en écartant les ressorts pour qu'ils emboitent convenablement la tête, soit en rehaussant ou en abaissant les récepteurs. La liaison entre les deux récepteurs a lieu par un cordon souple, dont la tresse contient également les fils d'entrée et de sortie.

Dans l'autre modèle, il n'y a qu'un seul récepteur; le second récepteur est remplacé par un tampon de cuir (*fig.* 1 a), dont on peut régler la position, et qui s'applique sur la tempe.

Les cordons souples ont environ 2 mètres de longueur et permettent à l'abonné de s'éloigner suffisamment du transmetteur pour pouvoir écrire, les deux mains restant libres.

Récepteurs d'Arsonval, Aubry, Bancelin. — Ces récepteurs n'ont pas été modifiés; les constructeurs se sont bornés à appliquer les prescriptions administratives, concernant les pas de vis, le vernissage des plaques, etc. Toutefois, M. Bancelin a soutenu par un bloc de plomb la partie surélevée de l'aimant (voir en A, *fig.* 20, de *Téléphonie pratique*).

Récepteurs Breguet. — Dans son nouveau modèle de récepteur à manche, la maison Breguet a placé à l'extérieur du boitier, les bornes qui, précédemment, étaient à l'intérieur. Elle a également fait adopter un récepteur à anneau.

A l'intérieur d'un boitier ordinaire, en laiton nickelé, est placée une cuvette en fer F F (*fig.* 2), au centre de laquelle s'élève le noyau B, également en fer. Sur ce noyau est calée une bobine à joues métalliques, dont le fil recouvert a une résistance de 320 ohms. Les extrémités du fil de la bobine, soudées à des poulies en laiton, sont pincées sous des vis qui soutiennent en même temps les bornes D D. Vis et bornes sont isolées

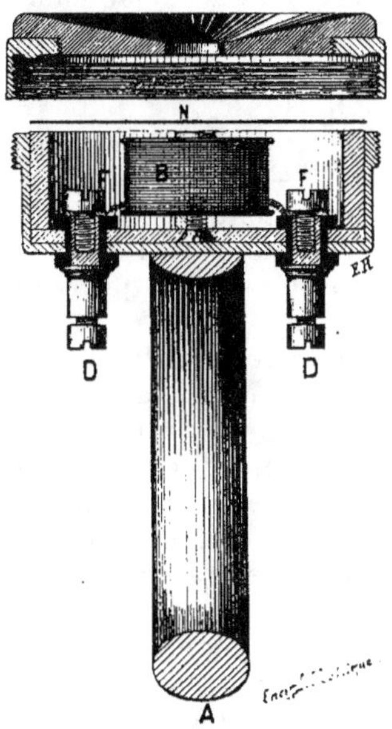

Fig. 2. — Récepteur à anneau Breguet.

du boitier et de la cuvette par des rondelles en ébonite. Un anneau A sert de poignée.

La plaque vibrante N a un diamètre de 50 millimètres et une épaisseur de 0,2 millimètre.

Récepteur Colson. — Dans le récepteur Colson, construit par M. Digeon, les bornes d'attache du cordon souple ont été reportées à l'extérieur. L'anneau de suspension a été remplacé par une forte poignée.

Récepteur Deckert. — Les bornes ont simplement été placées extérieurement, sur le boitier, de part et d'autre du manche.

Récepteur Degryse-Werbrouck. — Le nouveau récepteur que M. Degryse-Werbrouck vient de faire adopter est bipolaire. L'aimant a une forme analogue à celle de l'aimant annulaire du récepteur Aubry; les deux bobines sont calées sur des noyaux de fer doux montés sur les pôles de l'aimant.

Le diamètre de la plaque vibrante est de 54 millimètres, son épaisseur de 0,22 millimètre; la résistance de chacune des bobines est de 100 ohms.

Le manche en bois de l'ancien récepteur a été remplacé par un anneau métallique qui sert à suspendre l'instrument ou à le tenir à la main. A la base de cet anneau est pratiquée une gorge, autour de laquelle est solidement fixé le cordon souple, dont les ferrets sont serrés sous des bornes d'attache, auxquelles aboutissent, d'autre part, les extrémités des fils des bobines.

Récepteur Dejongh, récepteur Dumoulin-Froment et Doignon. — M. Doignon, qui construisait ces deux récepteurs, s'est abstenu d'en présenter de nouveaux.

Récepteur Gallais. — Pas de modifications à signaler, autres que celles qui résultent du programme établi par l'Administration.

Récepteur Goloubitsky. — Ce récepteur, à quatre pôles, était construit par les maisons Bréguet et de Branville. La maison Breguet, pas plus que M. Digeon, successeur de M. de Branville, n'ont présenté de nouveaux modèles.

Récepteur Journaux. — M. Journaux n'a pas fait admettre de nouveau récepteur.

Récepteur Maiche. — L'ancien récepteur Maiche n'est plus admis sur les réseaux depuis le 1ᵉʳ janvier 1893, mais, sous le nom de récepteur Maiche-Baranger, M. Baranger lui a substitué un nouveau modèle.

Sur les pôles d'un aimant annulaire A (*fig.* 3), servant de poignée, sont vissés deux noyaux en fer n, n qui traversent le fond d'un boitier en laiton. Sur ces noyaux sont calées deux bobines B, B, à joues métalliques, dont le fil conducteur a une résistance de 170 ohms. Les extrémités de ce fil, soudées à des poulies en laiton, sont emprisonnées sous des vis qui, isolées par des rondelles en ébonite, à la traversée du boitier, soutiennent les bornes d'attache du cordon souple.

La plaque vibrante N a 52 millimètres de diamètre et 0,21 millimètre d'épaisseur.

Récepteur amplificateur Massin. — La combinaison imaginée par M. Massin, ingénieur des Postes et des Télégraphes, a pour objet d'améliorer les communications téléphoniques sur les lignes à grande distance, en éliminant, à l'arrivée ou au départ, les organes qui, suivant le cas de transmission ou de réception, ne jouent qu'un rôle passif et peuvent même nuire à la reproduction de la parole.

Pour atteindre ce but, « les récepteurs et le circuit secondaire de la bobine sont placés en dérivation sur l'un des deux fils, et une clé spéciale, communiquant avec le second fil, ferme le circuit téléphonique, soit sur les récepteurs, soit sur la bobine,

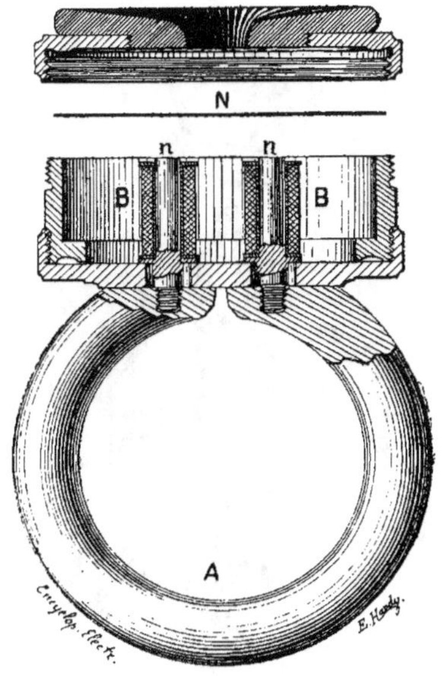

Fig. 3. — Récepteur Maiche-Baranger.

mais ne permet pas à ces deux organes de se trouver simultanément en ligne.

« Au lieu de cette disposition, on peut maintenir constamment embrochés en série sur le circuit, la bobine d'induction et les récepteurs, comme dans le montage ordinaire, et se contenter de neutraliser constamment et successivement l'un ou l'autre de ces deux organes au moyen de courts circuits.

« Les avantages théoriques de cette modification sont les suivants :

« 1° Les récepteurs ne nuisent pas à la transmission et la présence du transmetteur n'affaiblit plus la réception ; 2° l'opérateur n'a plus au départ, dans le cas de longues lignes, les oreilles assourdies par les courants qu'émet son transmetteur et qui traversent ses propres récepteurs; 3° il est possible d'augmenter les courants circulant dans les circuits primaires, sans avoir à craindre que les courants, traversant le microphone de l'arrivée, ne provoquent, dans les récepteurs de l'arrivée, des crépitements qui troubleraient l'audition[1]. »

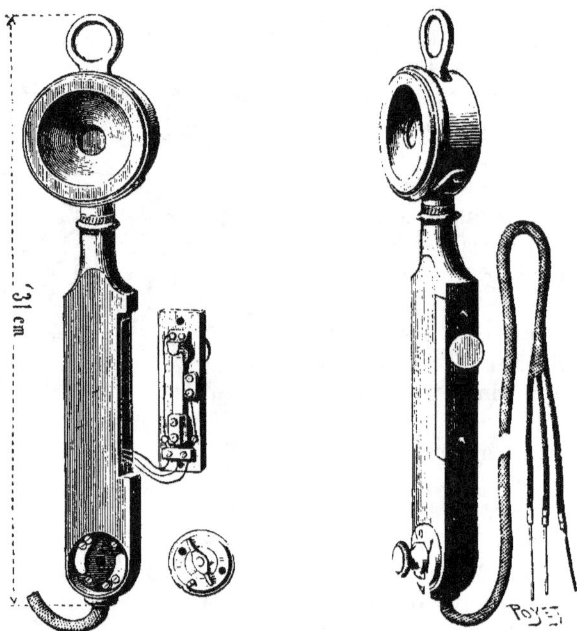

Fig. 4. — Récepteur amplificateur Massin.

Le téléphone de M. Massin, construit par la maison Mildé, d'après les données qui précèdent, comprend un récepteur ordinaire, monté sur un long manche en bois. Ce manche, convenablement creusé, contient deux interrupteurs; l'un est composé d'un ressort qui peut se déplacer entre deux contacts représentant, en quelque sorte, le contact de repos et le contact de travail des clés d'appel ordinaires; le bouton supérieur (*fig*. 4) permet, par la pression du pouce, d'agir sur le ressort; le second interrupteur est formé par deux ressorts courbes qui

1. Massin. — *Annales télégraphiques*, 1891 (p. 186).

peuvent rester isolés ou bien être mis en communication par un croisillon métallique, manœuvré par un bouton moleté placé à la partie inférieure du manche. Le cordon souple, qui sert à mettre l'appareil en circuit, est à trois conducteurs : jaune, vert, rouge. Le cordon jaune va directement à l'entrée du fil des bobines du récepteur (*fig. 5*), la sortie de ce fil communique avec le contact de repos du premier interrupteur, puis avec le ressort de droite du second interrupteur ; le cordon rouge est relié au ressort du premier interrupteur ; le cordon vert est attaché, d'abord, au ressort de gauche du second interrupteur, puis au contact de travail du premier interrupteur.

Le bouton moleté qui commande le second interrupteur, est muni d'un index que l'on peut déplacer entre les deux lettres O, P. Quand l'index est en regard de la lettre O, le récepteur fonctionne comme un téléphone ordinaire ; c'est la position qu'il convient d'adopter pour les réseaux urbains. Lorsqu'on désire faire usage de lignes interurbaines à longue distance, on tourne le bouton de façon que l'index soit en face de la lettre P ; puis, saisissant le manche du récepteur à pleine main, le pouce au-dessus du bouton supérieur en ivoire, on appuie sur ce bouton pendant tout le temps qu'on parle, et on relève le pouce pour écouter.

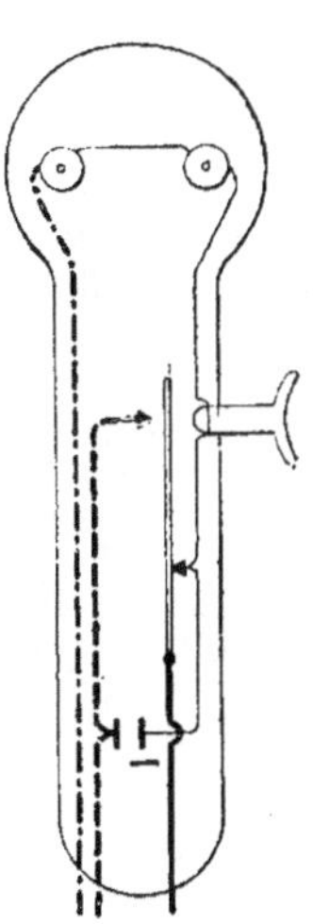

Fig. 5. — Communications du récepteur amplificateur Massin.

Pour obtenir du récepteur Massin son rendement maximum, il convient de faire usage, comme pile microphonique, d'éléments très peu résistants, tels que ceux de la pile de Lalande et de la pile bloc. Suivant la longueur des lignes, on peut augmenter le nombre des éléments ; par exemple, lorsque les correspondances s'échangent habituellement sur un circuit interurbain donné, c'est un réglage à faire une fois pour toutes ; mais, cette adaptation nécessite l'emploi d'un commutateur de pile, pour revenir à la pile ordinaire lorsqu'on désire parler sur le réseau urbain.

Introduit dans le circuit d'un poste téléphonique, le récepteur Massin est destiné à y remplacer un des récepteurs. La disposition à adopter varie suivant l'agencement des communications intérieures du transmetteur.

Dans certains transmetteurs, en effet, la sortie de l'induit de la bobine d'induction est directement reliée à la borne L^2 (terre ou fil de retour); dans d'autres, la sortie de l'induit est en relation avec la borne L^1 (ligne) par l'intermédiaire du ressort par lequel passe le courant de la ligne, lorsque le levier-commutateur est relevé, c'est-à-dire lorsque les récepteurs sont décrochés. Les croquis ci-joints (*fig.* 6 et 7), qui nous ont été gra-

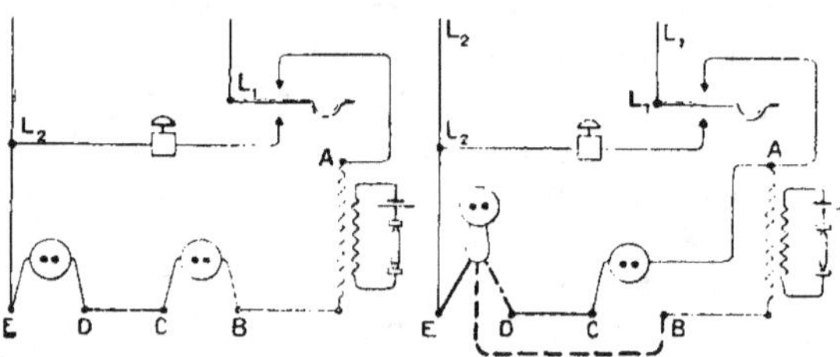

Fig. 6. — Cas de transmetteurs dans lesquels une des extrémités du circuit secondaire de la bobine d'induction aboutit à une des butées du levier-commutateur.

cieusement communiqués par M. Hospitalier, montrent la disposition à adopter dans l'un ou l'autre cas.

Le conducteur rouge y est représenté par un trait plein, le

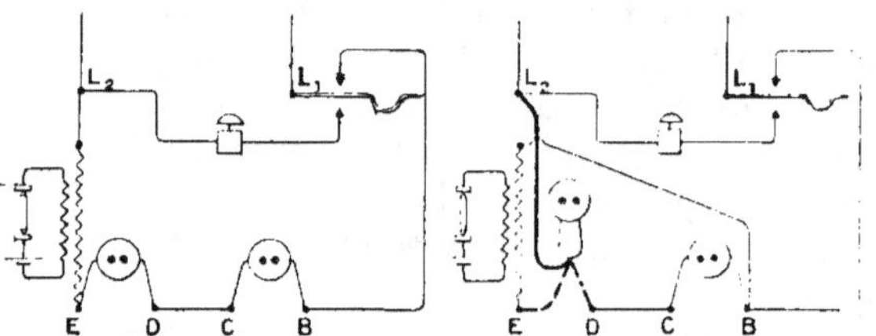

Fig. 7. — Cas de transmetteurs dans lesquels un des récepteurs est relié directement à une des butées du levier-commutateur.

conducteur vert par des traits successifs, le conducteur jaune par des points et des traits alternés.

Bitéléphone Mercadier. — Le bitéléphone Mercadier n'a subi aucune modification.

Récepteur Mercadier et Anizan. — Le récepteur Mercadier et Anizan est de construction récente.

Sur l'un des pôles d'un aimant A (*fig.* 8) est calée la bobine à joues métalliques B, dont la résistance électrique est de 115 ohms. Comme dans la plupart des autres récepteurs, les extrémités du fil de cette bobine sont isolées du boîtier et communiquent avec les bornes D, D des cordons souples. A la partie inférieure, le boîtier se prolonge en un tube T qui sert de logement à l'aimant A, autour duquel est enroulé un ressort à boudin R, maintenu bandé par la vis V. L'aimant A et la bobine B, qui fait corps avec lui, sont, en quelque sorte, mobiles dans le tube T et dans le boitier. Car si, par un procédé quelconque, on pousse plus ou moins la vis V, on tend ou on détend le ressort R. C'est en cela que consiste le procédé de réglage; mais, pour éviter tout déplacement angulaire de la bobine, la joue inférieure de celle-ci porte un prolongement, percé d'un trou, dans lequel s'engage un ergot, faisant corps avec le boitier.

La partie inférieure du tube T est taraudée; elle reçoit les vis V^1, V^2, V^3 qui se superposent.

La vis V^1, plus ou moins serrée, agit sur la vis V et commande ainsi tout le système électro-magnétique; elle permet donc de rapprocher de la plaque vibrante M, pincée entre le boitier et le couvercle, l'extrémité polaire de l'aimant A qui porte la bobine B, et cela sans que la bobine, maintenue par l'ergot, puisse se déplacer latéralement.

La vis V^2 sert de contre-écrou à la vis V^1, la cale et l'empêche de se déplacer lorsqu'on a obtenu le réglage voulu.

Un manche en bois E est enfilé sur le tube T; la vis V^3 le maintient.

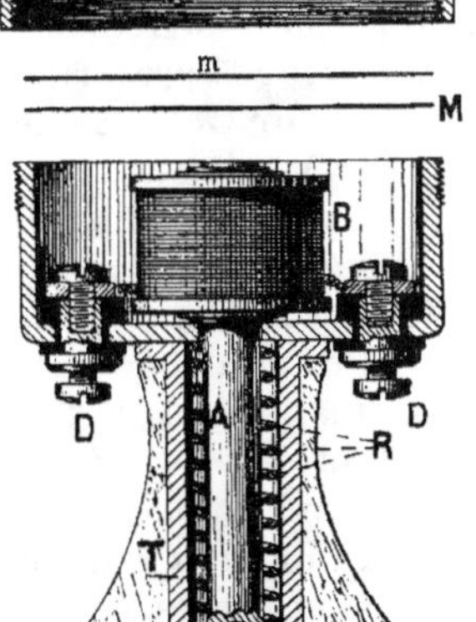

Fig. 8. — Récepteur Mercadier et Anizan.

L'embouchure ne diffère pas de celle des téléphones ordinaires; la plaque vibrante a un diamètre de 46 millimètres et une épaisseur de 0,18 millimètre; on voit en m la rondelle de réglage; enfin, un anneau de suspension, qui n'a pu être représenté sur la figure, est fixé à la paroi latérale du boitier.

Récepteurs Mildé. — La maison Mildé n'a conservé, pour les réseaux de l'État, que le type bipolaire qu'elle fabrique, soit comme téléphone-montre, soit comme téléphone à manche.

Ces récepteurs sont à bobines métalliques et à bornes extérieures. La forme de leurs organes se rapproche beaucoup de celle des organes similaires du récepteur petit modèle (voir fig. 53 de *Téléphonie pratique*.

Récepteur Morlé et Porché. — Ce récepteur rappelle, par son aspect, l'ancien récepteur Pasquet (voir *fig.* 59 de *Téléphonie pratique*). Deux lames d'aimant en fer à cheval sont superposées et vissées, sur le fond du boitier, par trois vis, dont deux, isolées de la masse métallique de l'instrument, soutiennent les bornes des cordons souples.

Les noyaux des bobines sont fixés sur la lame inférieure de l'aimant, dont les extrémités sont convenablement recourbées vers le centre de la boite.

Récepteur Mors-Abdank. — Ce récepteur n'a reçu que les modifications strictement nécessaires pour le mettre en harmonie avec les prescriptions administratives.

Récepteur Ochorowicz. — Un réglage micrométrique, imaginé par M. Maiche, a été adapté au récepteur Ochorowicz. Il consiste en un anneau fileté, vissé sur le boitier, au-dessous du couvercle. Un anneau vissé maintenant la plaque vibrante appliquée à demeure, par ses bords, contre l'embouchure, on conçoit que la manœuvre de l'anneau de réglage, soit qu'on le monte, soit qu'on l'abaisse, permet de laisser disponibles, pour visser le couvercle, un plus ou moins grand nombre de spires. On peut donc, par conséquent, rapprocher ou reculer plus ou moins la plaque vibrante, par rapport aux noyaux des bobines qui restent fixes.

Récepteur Pasquet. — Dans le nouveau récepteur Pasquet, la poignée a été remplacée par un anneau de suspension, placé sur le côté; c'est un téléphone-montre. Les deux lames de l'aimant, au lieu d'être simplement ficelées, comme dans le type primitif, sont assujetties par deux vis sur le fond du boitier. Les bornes d'attache des cordons sont placées à l'extérieur, sur la face postérieure de l'instrument. Elles consistent en deux petits écrous moletés, sous lesquels sont pincés les ferrets du cordon souple. Deux rondelles d'ivoire empêchent les ferrets de se toucher et les isolent également de la masse de l'instrument. Une poulie, enchâssée dans le cordon souple à double conducteur, est solidement vissée au boitier et empêche la traction de s'exercer sur les ferrets.

Récepteur Roulez. — En somme, peu de changements : le ressort de réglage, au lieu d'être taillé en losange, affecte la forme d'un rectangle dont les petits côtés seraient arrondis. Les bornes ont été reportées à l'extérieur, et le cordon souple est fortement maintenu, sur une queue métallique, par une poulie et une vis. Les ferrets du cordon sont protégés par des tubes de caoutchouc.

Récepteur Sieur. — Le récepteur Sieur est resté simple, comme il l'était au début, toutefois, en raison des modifications apportées au système de bascule du levier mobile du transmetteur, il a fallu changer la forme de l'anneau de suspension, pour que le récepteur puisse indifféremment s'adapter aux transmetteurs de l'ancien et du nouveau modèle.

La figure 9 représente le récepteur Sieur sous son nouvel aspect.

Récepteur Teilloux. — De récepteur à manche, le récepteur Teilloux est devenu récepteur à anneau. Cette modification résulte de la nécessité de reporter à l'extérieur les bornes d'attache du cordon souple.

Récepteur Testu. — M. Testu n'a pas présenté de nouveau récepteur répondant aux conditions exigées par le programme du 10 juin 1892.

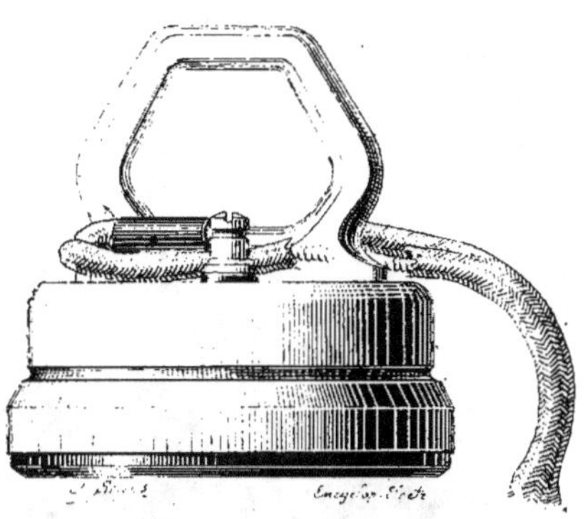

Fig. 9. — Récepteur Sieur.

PILES MICROPHONIQUES

Pile Germain dite *Pile Bloc*. — La pile Germain est employée chez beaucoup d'abonnés et dans un certain nombre de bureaux centraux, notamment à l'hôtel des téléphones de Paris, rue Gutenberg.

Le modèle d'élément Germain de l'Administration des Postes et des Télégraphes (*fig*. 10), comprend un récipient extérieur en bois dur, sous forme de bloc, qui contient :

1° Une première lame de zinc pur, non amalgamé, formant le pôle négatif;

2° Un diaphragme des divers isomères de la cellulose amorphe, tels que paracellulose, vasculose, xylose, paraxylose; ce diaphragme, très élastique, est imbibé d'une dissolution de chlorure alcalin ;

3° Une couche d'oxyde supérieur de manganèse, rendu conducteur par la surface;

4° Une lame de charbon placée au milieu de cette couche, et constituant le pôle positif;

5° Un second diaphragme, semblable au premier, et également imbibé de chlorure alcalin ;

6° Une deuxième lame de zinc, semblable à la première ;

7° Un plateau en bois dur, reposant sur cette deuxième lame de zinc ;

8° Une série de ressorts, en acier trempé, pressent de 150 kilogrammes environ sur l'ensemble des diverses parties énumérées ci-dessus, et prennent appui par un couvercle en bois dur, vissé sur les quatre côtés du récipient. Bien que celui-ci ne doive pas être clos hermétiquement, afin de laisser échapper les gaz, M. Germain recommande expressément de ne pas l'ouvrir, pour ne pas modifier l'action antagoniste des ressorts.

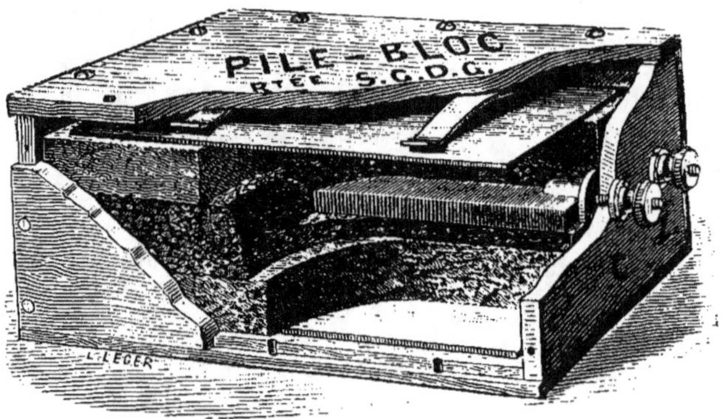

Fig. 10. — Pile Germain, dite pile-bloc.

Deux plots extérieurs, en laiton, reliés respectivement aux deux zincs d'une part, et au charbon d'autre part, servent de prises de courant ; les indications C et Z sont gravées au-dessus. Les deux nombres également gravés dans le voisinage correspondent aux numéros d'ordre et de série des éléments.

L'élément Germain est portatif ; il peut être placé impunément dans n'importe quel sens. Il est livré prêt à fonctionner et il travaille jusqu'à épuisement presque total sans affaiblissement ni polarisation.

Il ne se dégage du récipient ni odeurs, ni efflorescences. Les éléments adoptés par l'Administration des Postes et des Télégraphes sont munis de poignées en fer, et on peut les placer les uns sur les autres, ou bien les uns à côté des autres, suivant l'emplacement dont on dispose.

Cette pile n'exige aucun entretien.

Nous transcrivons, d'après M. Germain, le tableau comparatif des constantes des quatre systèmes de piles usitées sur les réseaux de l'Etat.

DÉSIGNATION DES PILES	Force électro-motrice à circuit ouvert en volts.	Force électro-motrice à circuit fermé en volts.	Intensité en ampères aux bornes.	DURÉE sans entretien.	DURÉE avec entretien.
Callaud.	0,95	0,80	0,40	15 jours.	5 mois.
De Lalande et Chaperon.	0,85	0,70	5,00	6 mois.	8 à 10 mois.
Leclanché.	1.39	0.90	2,00	1 mois 1/2	3 à 7 mois.
Germain.	1,60	1,35	20,00	2 ans,	2 ans.

« Pour qu'une pile microphonique produise un travail normal, dit M. Germain, il faut que la somme des résistances intérieures des éléments qui la composent n'excède pas la résistance de l'inducteur de la bobine d'induction.

« La résistance du circuit inducteur de la bobine devrait être de 0,015 à 0,02 ohm avec la pile Germain, de 0,5 ohm avec la pile de Lalande, de 1,25 à 1,50 ohm avec la pile Leclanché et de 7 à 9 ohms avec la pile Callaud. On voit par là l'importance des piles microphoniques à faible résistance. »

TRANSMETTEURS

La Société générale des téléphones, aujourd'hui *Société industrielle des téléphones*, a profité des remaniements qu'elle avait à faire subir à ses types de transmetteurs pour en simplifier le mécanisme.

Transmetteurs Ader n°s 1, 2, 3, 4, 7. — La figure 11 représente le mécanisme du nouveau levier-commutateur. Le crochet de suspension C est indépendant du levier mobile proprement dit. Ce crochet pivote autour de la vis B; en I, il est garni d'une rondelle isolante. La vis à centre A sert de pivot au levier mobile, composé de la pièce métallique LM et d'une seconde pièce, également métallique, mais isolée de la partie LM. Le ressort antagoniste R agit de façon à relever la partie M; par suite, le bras de levier L appuie sur la rondelle I et fait basculer le crochet C qui prend la position représentée sur la figure 11. Si un récepteur est suspendu au crochet C, le poids de ce récepteur est suffisant pour faire basculer le crochet en sens inverse ; pressée par la rondelle I, la partie L se relève, tandis que M, N s'abaissent.

Lorsque le crochet C est abaissé ou, en d'autres termes, lorsque le récepteur est suspendu au crochet C, l'appareil est sur sonnerie.

Lorsque le crochet C est relevé, comme dans la figure 11, l'appareil est disposé pour la transmission et pour la réception. En effet, les quatre ressorts r, r^1, r^2, r^3, placés en regard du levier, mettent la ligne en relation, soit avec la sonnerie, soit avec les récepteurs, et, dans ce dernier cas, ferment aussi le circuit microphonique. Ainsi, lorsque le récepteur est sus-

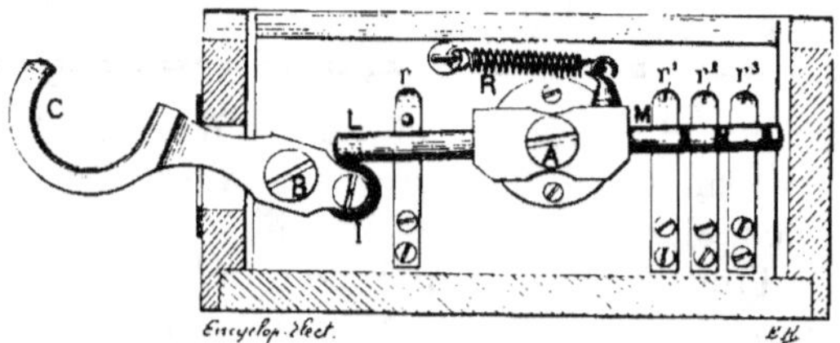

Fig. 11. — Levier-commutateur des transmetteurs Ader.

pendu au crochet, le ressort r touche le bras de levier L ; les ressorts r^1, r^2, r^3 sont isolés. Quand le récepteur est décroché, le ressort r est isolé, le ressort r^1 est en contact avec le bras de levier M, les ressorts r^2, r^3, appuyés sur le cylindre isolé N, sont mis en communication électrique par la masse métallique de ce cylindre.

En examinant la figure 12 qui représente les communications d'un appareil Ader n° 1, nous voyons que la borne L^1, à laquelle est attaché l'un des fils de ligne, communique avec la masse A du levier mobile. Le ressort r est en relation avec le ressort a de la clé d'appel. Le contact de travail b de celle-ci est relié à la borne CS, c'est-à-dire au pôle positif de la pile d'appel ; le contact de repos d est réuni à la borne S^1 et à la sonnerie.

Le ressort r^1 est en relation avec le circuit secondaire s de la bobine d'induction ; l'autre extrémité de ce circuit est rattachée en t^1 au fil d'entrée du premier récepteur, le fil de sortie de celui-ci est uni par t^2, t^3 au fil d'entrée du deuxième récepteur, dont le fil de sortie aboutit par t^4 au conducteur qui réunit les bornes L^2, S^2, ZS.

Le ressort r^2 communique avec la borne ZM à travers le circuit primaire p de la bobine d'induction.

Le ressort r^3 est relié au microphone m, réuni, lui-même, à la borne CM.

Si nous admettons que les fils de ligne soient attachés en L^1, L^2, que la sonnerie soit intercalée entre les bornes S^1, S^2. la pile microphonique entre les bornes CM, ZM, la pile d'appel entre les bornes CS, ZS, il est facile de suivre la marche des courants.

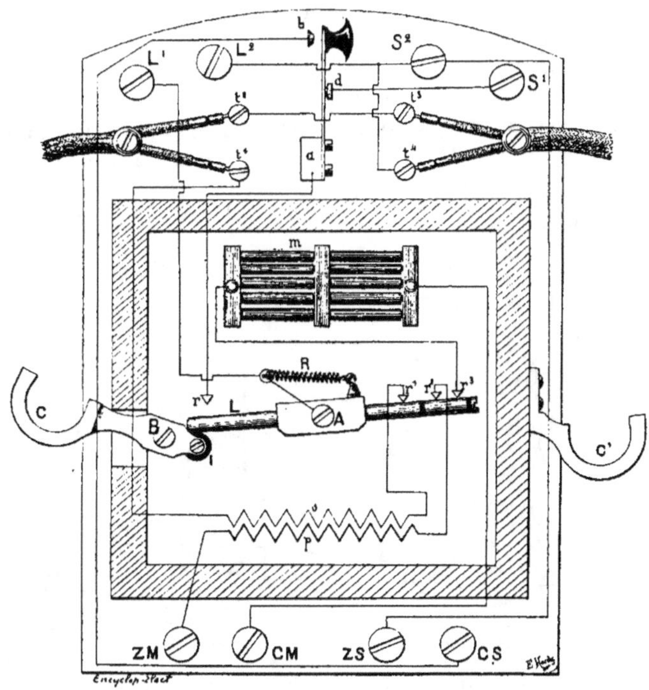

Fig. 12. — Communications d'un transmetteur Ader n° 1.

Lorsque le récepteur est au crochet, le courant venant de la ligne L^1 passe par le levier mobile, le ressort r, le ressort a de la clé d'appel, le contact d, la borne S^1, la sonnerie, les bornes S^2, L^2 et le fil de retour ou la terre; il y a appel. Pour répondre, on appuie sur le bouton de la clé d'appel; le circuit est fermé par CS, b, a, r, L, A, L^1, *ligne* et *poste correspondant*, L^2, ZS, *pile*.

Lorsque le récepteur est décroché, les courants venant de la ligne, de même que les courants se rendant sur la ligne, circu-

lent entre L¹, A, r¹, s, l¹, *récepteur de gauche*, l², l³, *récepteur de droite*, l⁴, L².

Dans cette position, le circuit de la pile microphonique est fermé par CM, m, r³, r², p, ZM.

La disposition du levier que représente la figure 11 est propre aux transmetteurs n°ˢ 4 et 7. Dans les transmetteurs n°ˢ 1, 2, 3, par suite de la forme même de l'instrument, la rondelle isolante I a été placée perpendiculairement à l'axe du crochet C; au lieu d'agir de bas en haut sur le levier, elle exerce son action latéralement, et produit, d'ailleurs, un mouvement de bascule absolument identique.

Transmetteur d'Arsonval et Paul Bert, modèle mural et modèle à pied. — Dans les anciens types, le mécanisme du

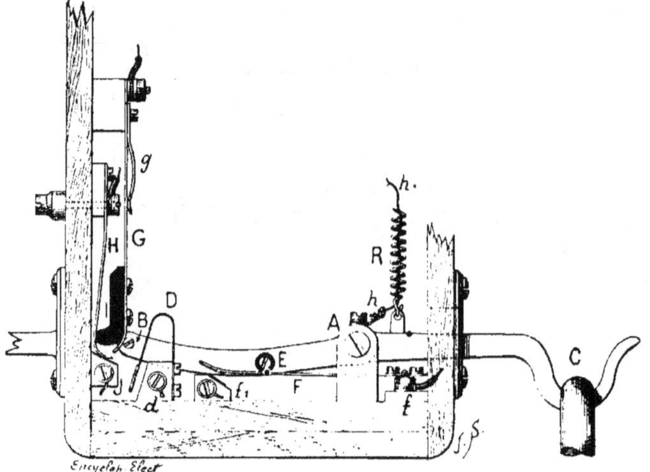

Fig. 13. — Mécanisme des transmetteurs d'Arsonval et Paul Bert.

modèle mural n'était pas le même que celui du modèle à pied. M. Digeon a profité de la revision de ses types pour unifier les mécanismes.

La bobine d'induction et la vis de réglage de l'aimant sont assujetties sur des équerres métalliques qui les rendent plus facilement démontables.

En enlevant trois vis, on met à nu tout le mécanisme intérieur.

Dans le modèle à pied, les bornes extérieures ont été supprimées; les différents brins du cordon souple sont attachés, sous des boulons, à l'intérieur du socle.

La figure 13 représente le crochet mobile et ses prises de
contact; l'appareil y est vu par derrière, pour mieux montrer
les différentes pièces qui entrent en jeu; par conséquent, le
crochet mobile qui se trouve à droite est, en réalité, à la
gauche de la personne qui parle devant la planchette microphonique. Cette disposition est commune au modèle mural et
au modèle à pied.

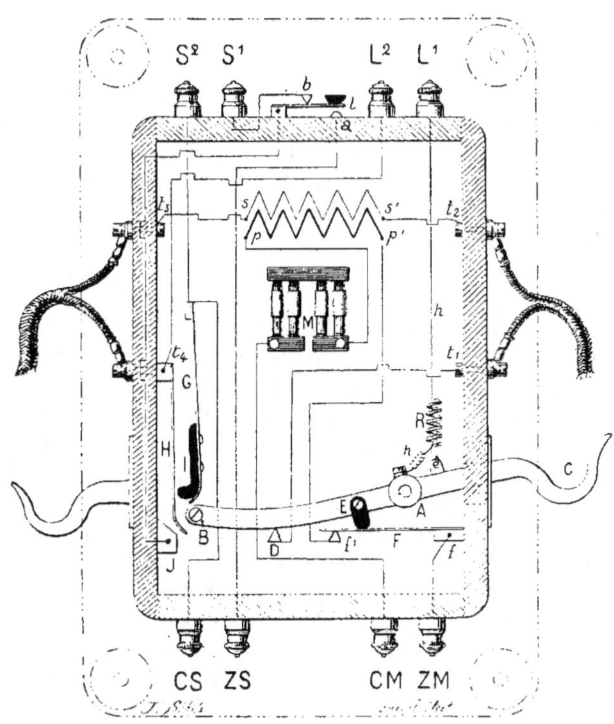

Fig. 14. — Communications des transmetteurs d'Arsonval et Paul Bert.

Sous le poids du récepteur suspendu, le crochet C bascule
autour de la vis à centre A. Le ressort antagoniste R le ramène
à sa position de repos, dès que le récepteur est décroché. Le
levier C A B, entièrement métallique, porte, perpendiculairement à sa face latérale, deux goupilles B, E qui agissent sur
les ressorts D, F, montés respectivement sur les plots d, f. La
goupille B est métallique, la goupille E est en matière isolante.
La butée f' limite la course du ressort F, de sorte que, quand

ce ressort rencontre f', les deux plots f, f' sont en communication; c'est ce qui se produit lorsque le récepteur est décroché; en même temps, la goupille B prend contact avec le ressort D. Si, sous l'action du poids du récepteur, le crochet C bascule, la goupille B abandonne le ressort D; la goupille E, en s'éloignant, permet au ressort F de se relever, et celui-ci, abandonnant le plot f', rompt la communication entre f et f'. Mais, a goupille B,. dans son mouvement d'ascension, rencontre un nouveau jeu de ressorts. Les ressorts II, G, vissés indépendamment l'un de l'autre, sur la partie verticale de l'instrument, se commandent cependant. En effet, le ressort G, sur lequel vient appuyer un second ressort g, porte en I un isolant conformé de telle sorte qu'il presse le ressort II. Lorsque le crochet C bascule, la goupille B, après avoir abandonné le ressort D, rencontre le ressort G et prend contact avec lui, tandis que celui-ci repousse le ressort II, jusqu'à ce qu'il bute contre le plot métallique J.

Cela posé, examinons sur la figure 14, la marche des courants :

Au moment de l'appel, le courant venant de la ligne L^1 suit le trajet h, A, B, G, S^2, *sonnerie*, S^1, b, l, J, II, L^2. En pressant sur le bouton de la clé d'appel, pour répondre, l'abonné ferme le circuit ZS, a, l, J, II, L^2, *ligne*, L^1, h, A, B, G, CS, *pile*.

Dans la position de conversation que représente la figure 14, le circuit primaire est constitué par C M, M, p, p', f', F, f, Z M, *pile*; le circuit secondaire comprend L^1, h, A, D, t', *récepteur de droite*, t^2, s', s, t^3, *récepteur de gauche*, t^4, L^2, *ligne*.

Transmetteur Bancelin. — La suppression du paratonnerre a permis au constructeur de simplifier les communications. Les récepteurs ne sont plus, comme dans les anciens appareils, montés en dérivation sur les deux fils de ligne.

Le levier mobile est formé par deux pièces métalliques A, C (*fig.* 15), réunies par une équerre en ébonite E qui les isole l'une de l'autre. Enfin, la forme des ressorts a été modifiée d'une manière heureuse.

La figure 16 permet de suivre la marche des courants.

Dans la position d'appel, le courant arrivant par L^1 passe par R, *levier mobile*, b, r, h, S^1, *sonnerie*, S^2, c, d, t^4, L^2, *ligne de retour* ou *terre*.

En appuyant sur le bouton d'appel, pour envoyer la réponse, le courant de la pile d'appel circule entre C S, g, r, b, R, L^1. *ligne*, L^2, Z S, *pile*.

L'appareil étant dans la position de conversation, le circuit

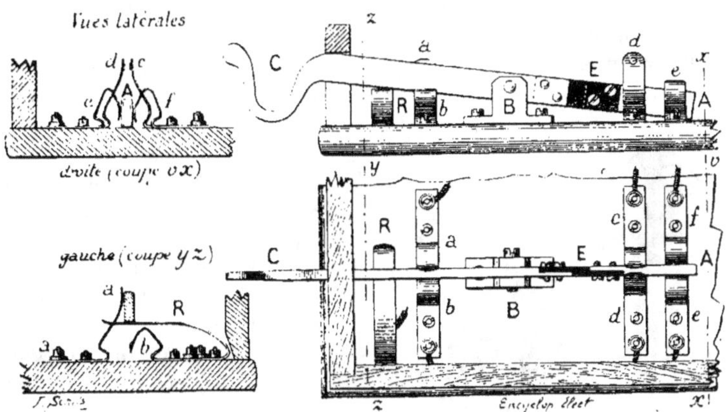

Fig. 15. — Levier-commutateur du transmetteur Bancelin.

primaire est fermé par C M, x, *microphone*, y, c, f, p, Z M,
pile de microphone; le circuit secondaire est constitué par

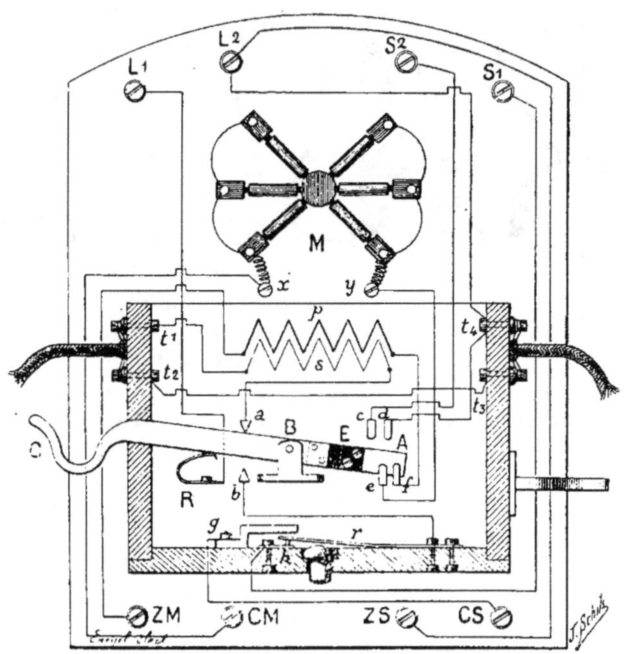

Fig. 16. — Communications du transmetteur Bancelin.

L^1, R, a, s, t^1, *récepteur de gauche*, t^2, t^3, *récepteur de droite*, t^4, L^2, *ligne*.

Transmetteurs Berthon. — Le nombre des transmetteurs Berthon, admis sur les réseaux de l'État, a été notablement diminué. C'est ainsi que les types n°s 2 et 8, à coulisse, forme cartel, ne figurent plus sur les listes de l'Administration. Les types n°s 8 *bis*, 9 et 10 sont seuls maintenus, et encore ce dernier, qui a complétement changé d'aspect, à son avantage, est-il considéré comme appareil de luxe.

Le mécanisme du modèle n° 8 *bis* n'a subi que des modifications insignifiantes. Pour le type n° 9, on a adopté la même disposition que pour les transmetteurs Ader n°s 4 et 7. De même, le nouveau modèle à colonne n° 10 ne s'écarte pas sensiblement, dans ses organes essentiels, de l'ancien type, mais son aspect général est tout différent, comme le montre la figure 17. Le boîtier supérieur, ainsi que le socle, sont entièrement en *ivorine*. Ils sont réunis par une colonne creuse, en laiton nickelé, de forme élégante, qui livre passage aux fils de communication.

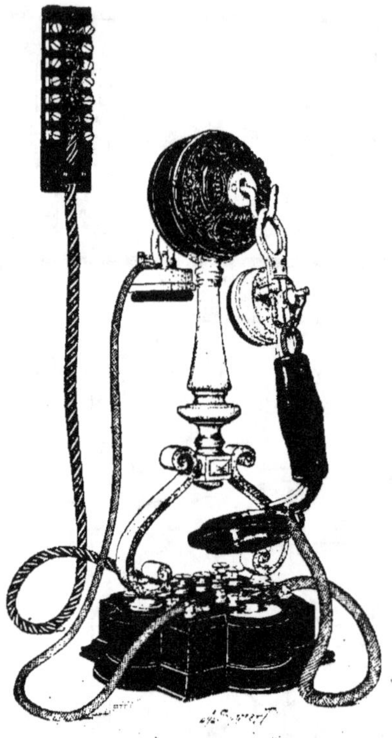

Fig. 17. — Transmetteur Berthon n° 10.

Transmetteur Bourdin. — On n'admet plus sur les réseaux qu'un seul type de transmetteur Bourdin, le modèle à pupitre. Sa construction reste sensiblement la même : le fabricant s'est borné à appliquer les prescriptions de la note administrative du 10 juin 1892.

Transmetteur Bourseul. — Aucune modification n'ayant été apportée au transmetteur Bourseul, cet appareil ne remplit pas les conditions exigées à dater du 1er janvier 1893 et, par conséquent, n'est plus admis sur les réseaux de l'État.

Transmetteurs Bréguet. — Les modèles de la maison
Bréguet restent les mêmes, dans leur forme extérieure; les
modifications du mécanisme sont peu importantes; la position
du point de suspension du levier-commutateur a été changée,
il est vrai, mais son jeu reste le même; c'est toujours un ressort qui se déplace entre le circuit de sonnerie et le circuit de
réception, tandis qu'un autre ressort ouvre ou ferme, par la
même manœuvre, le circuit primaire.

Transmetteurs Chateau. — Dans le transmetteur mural
et dans le transmetteur à pied présentés par MM. Chateau

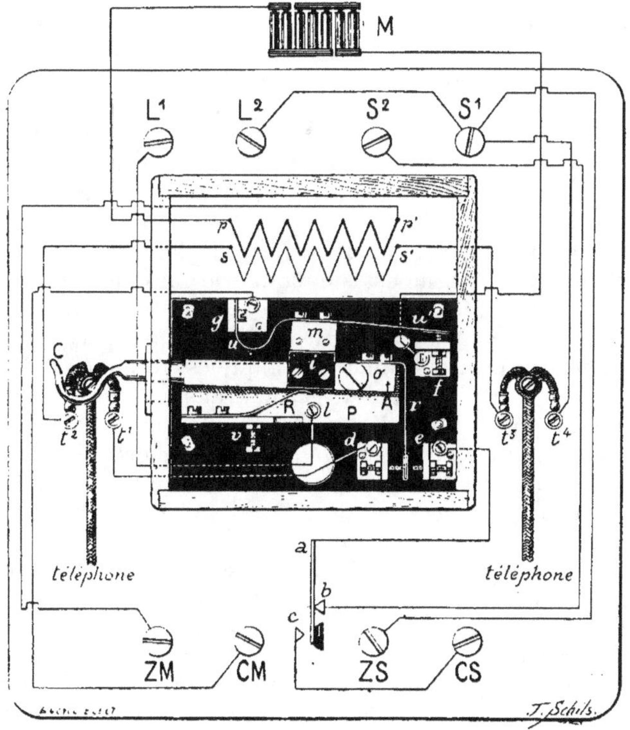

Fig. 18. — Communications du transmetteur Chateau.

père et fils et admis sur les réseaux, le microphone est sensiblement le même que celui des anciens transmetteurs Ochorowicz, construits par la même maison. Ce microphone est
incliné d'environ 45° sur la membrane en sapin; ses communications électriques avec les autres organes sont assurées

par deux boutons moletés qui se vissent dans des réglettes métalliques.

Le mécanisme (*fig.* 18) est monté sur une plaque en ébonite qui tapisse le fond de la boîte. Une plaque métallique P, rapportée sur la plaque d'ébonite, soutient le levier-commutateur A C. Celui-ci pivote autour de la vis à centre o, sous le poids du récepteur suspendu en C, et est ramené à sa position de repos par le ressort antagoniste R, dont la tension peut être réglée par une vis v.

Un plot d'ébonite i, vissé sur le levier, supporte la pièce métallique m et le ressort-lame uu', arrêté d'une part en m, de l'autre en g. Au repos, c'est-à-dire quand le crochet C est relevé, le ressort uu' repose sur la vis de contact f; au contraire, il en est isolé lorsque le crochet C est abaissé. Sur la partie postérieure A du levier AC, le ressort r, coudé à angle droit, est fixé par deux vis. Ce ressort suit évidemment les mouvements de bascule du levier; il s'appuie sur la vis d quand le crochet C est relevé, et sur la vis e lorsque le crochet C est abaissé.

Il est facile de voir, en suivant, sur la figure, la marche des courants, que la ligne est sur sonnerie lorsque r touche e, et que le circuit microphonique est alors ouvert entre u' et f. Lorsque r rencontre d, la ligne est en communication avec les récepteurs et le circuit microphonique est fermé en $u'f$.

Transmetteur Crossley. — Le transmetteur Crossley ne répondant pas aux conditions imposées par la note administrative du 10 juin 1892, n'est plus admis sur les réseaux.

Transmetteurs Deckert. — La construction du transmetteur Deckert, dit *modèle réduit*, n'a pas changé; seulement, on a ajouté, sur le côté droit, un bouton d'appel.

Le transmetteur à appel électro-magnétique n'est plus admis; en revanche, deux nouveaux modèles, l'un mural, l'autre à pied, peuvent être achetés par les abonnés.

Sur sa face antérieure, l'appareil mural (*fig.* 19) porte le microphone, garni d'une embouchure en ébonite. Ce microphone prend contact avec les organes intérieurs par deux lames platinées. Le mécanisme du levier-commutateur est le même que celui du modèle réduit (voir figure 129 de *Téléphonie pratique*); le crochet mobile est à gauche, le bouton d'appel à droite. Ce transmetteur comporte deux récepteurs à manche.

Le modèle à pied (*fig.* 20), à part sa forme, a beaucoup d'analogie avec le précédent; seulement, la bobine d'induction, le bouton d'appel et les bornes d'attache du cordon souple et des

Fig. 19. — Transmetteur Deckert
(modèle mural).

Fig. 20. — Transmetteur Deckert
(modèle à pied).

récepteurs sont à l'intérieur du socle, qui est alourdi par une plaque de métal, destinée à donner plus de stabilité à l'instrument.

Transmetteur Degryse-Werbrouck. — A part la forme extérieure et les communications qui restent les mêmes,

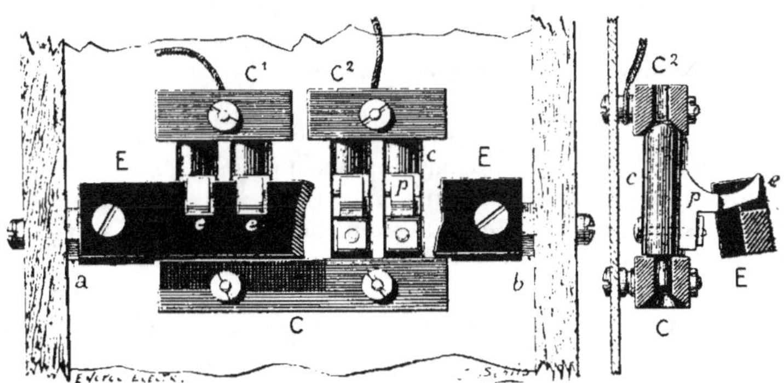

Fig. 21. — Microphone Degryse-Werbrouck.

M. Degryse-Werbrouck a complètement transformé son appareil. Le microphone (*fig.* 21) se compose de trois prismes de charbon C, C¹, C², fixés par des boulons à la planchette microphonique. Dans ces prismes fixes s'engagent quatre charbons mobiles c. Ces charbons, qui sont cylindriques, se terminent à leur partie inférieure par des cylindres plus petits qui s'engagent dans des trous pratiqués dans le prisme C. Leur partie supérieure, qui a la forme d'une calotte sphérique, est engagée dans des godets creusés dans l'épaisseur des prismes C¹, C². Les charbons mobiles se tiennent, en quelque sorte, debout sur le charbon fixe C, mais ils sont forcés de s'incliner sous l'action

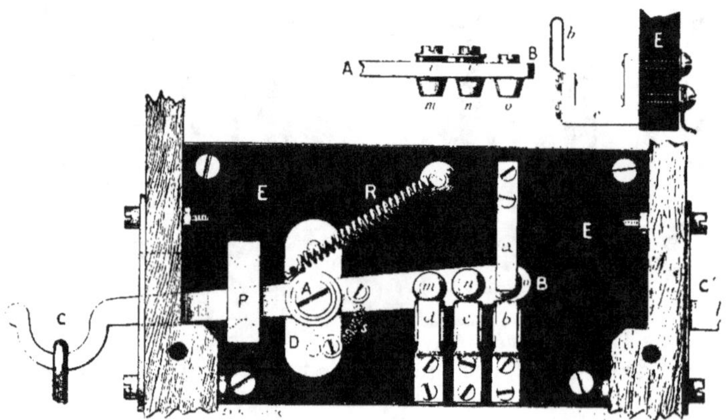

Fig. 22. — Levier-commutateur du transmetteur Degryse-Werbrouck.

d'un contre-poids métallique p, boulonné sur chaque charbon. De la sorte, les têtes des charbons c prennent forcément contact avec les prismes C¹, C². Chacun des contre-poids p s'engage dans une encoche e, pratiquée dans une réglette d'ébonite EE. fixée elle-même en a, b au cadre qui supporte la planchette microphonique. Cette disposition a pour objet d'empêcher les charbons mobiles de tourner sur eux-mêmes. Les fils de communication, attachés aux prismes C¹, C² aboutissent à des équerres métalliques qui établissent la liaison avec les organes du transmetteur.

Le levier-commutateur et les ressorts de contact (*fig.* 22) sont montés sur une plaque en ébonite EE qui garnit le fond de l'appareil, auquel elle est fixée par quatre vis. Le levier CB pivote autour de l'axe A; ses mouvements sont limités par le pont P; il est commandé par le ressort antagoniste R; s est un boudin de sûreté, destiné à assurer une bonne communi-

cation entre le levier AB et le massif D, auquel aboutit le fil
venant de la borne *ligne*.

Le plot *o* fait corps avec le levier A B ; les plots *m*, *n* en sont
isolés par les rondelles d'ébonite *i*, *i'*, mais communiquent
entre eux. Le ressort *a* est en relation avec le plot *o* lorsque le
récepteur est suspendu au crochet C, c'est-à-dire lorsque le
levier A C est abaissé ; les ressorts *b*, *c*, *d* sont alors isolés, et
la ligne est sur sonnerie, le ressort *a* communiquant avec la
sonnerie. Lorsque le levier A C est relevé, le plot *o* est en
contact avec le ressort *b*, les plots *m*, *n* avec les ressorts *d*, *c*.
Par *o b*, la ligne est en relation avec le circuit secondaire et
les récepteurs ; le circuit primaire est fermé en *d*, *m*, *n*, *c*.

Transmetteur Dejongh. — Ce transmetteur n'est plus
admis sur les réseaux depuis le 1er janvier 1893, l'inventeur ni
le constructeur ne s'étant conformés aux prescriptions de la
note administrative du 10 juin 1892.

Transmetteurs Gallais. — Pour substituer des contacts à
friction aux contacts à butée de ses anciens types, M. Gallais
a dû modifier son levier-commutateur.

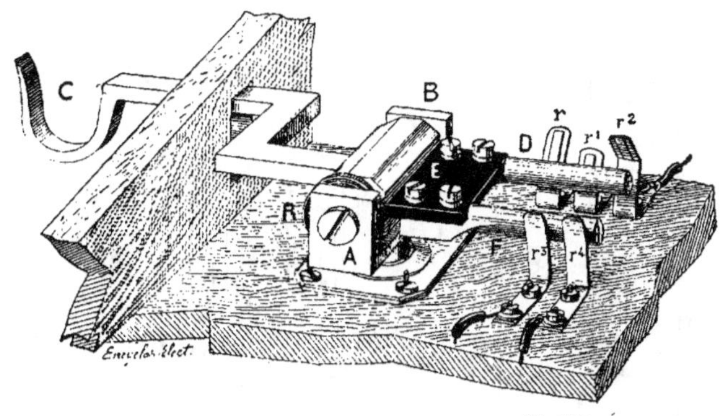

Fig. 23. — Levier-commutateur du transmetteur Gallais.

Ce levier, qui se termine par le crochet C *(fig. 23)* pivote
sur les pointes de deux vis A, B. A l'intérieur de la chape, un
ressort en acier R, roulé en spirale, fixé à la chape d'une
part, à l'axe du levier d'autre part, remplit l'office de ressort
antagoniste.

En arrière de l'axe A B, le levier se prolonge en D, par une
pièce métallique, sur laquelle est vissée la plaque d'ébonite E.
Cette plaque supporte un second appendice métallique F,

parallèle à D, mais isolé par la pièce E du reste du système. En regard de la pièce D se trouvent les ressorts r, r^1, r^2; en regard de la tige F sont les ressorts r^3, r^4.

Le ressort r, qui correspond à la ligne, est constamment en contact avec la tige D. Lorsque le crochet C est abaissé, la tige D rencontre le ressort r^2 (ressort de sonnerie); les ressorts r^1, r^3, r^4 sont isolés; la ligne est sur sonnerie. Quand le crochet est relevé, le ressort r^1 (circuit secondaire) est en relation avec la tige D, les ressorts r^3, r^4 (circuit primaire) avec la tige F; la ligne communique avec les récepteurs; le circuit primaire est fermé par l'intermédiaire de la tige F.

Transmetteurs Journaux. — Il n'existe pas de nouveaux types répondant aux conditions exigées par l'Administration. Les anciens modèles de M. Journaux ne sont plus admis sur les réseaux depuis le 1er janvier 1893.

Transmetteur de Lalande. — Le mécanisme du transmetteur de Lalande est exactement le même que celui du trans-

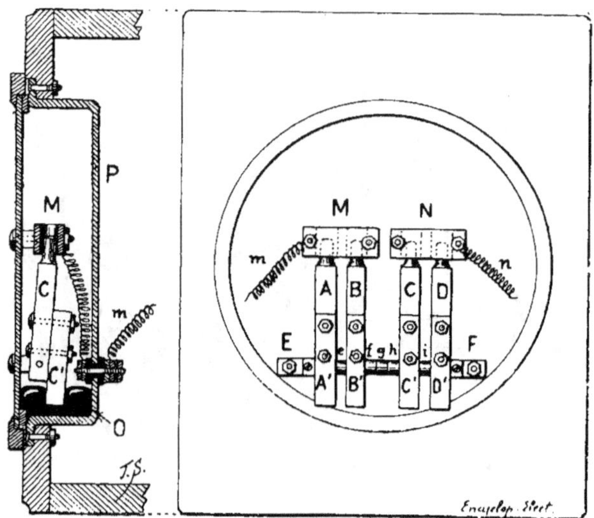

Fig. 24. — Microphone de Lalande.

metteur d'Arsonval que nous avons décrit en détail et figuré (*fig.* 13 et 14, p. 18 et 19). Par contre, le microphone est bien différent. Les quatre charbons A, B, C, D (*fig.* 24) sont enfilés sur un axe en fer que les équerres E, F maintiennent, à la hauteur voulue, au-dessus de la membrane microphonique en sapin. L'écartement entre ces charbons est assuré par des

rondelles en charbon e, f, g, h, i, également enfilées sur l'axe
E F. A leur partie supérieure, les quatre charbons deviennent
cylindriques et, deux à deux, sont engagés dans des prismes
de charbon M, N; ils se meuvent très librement dans les trous
pratiqués à travers ces prismes. Vers la partie inférieure du
microphone, des charbons prismatiques A′, B′, C′, D′ ont été
rapportés et fixés, au moyen de boulons, sur les charbons
A, B, C, D. Les charbons A′, B′, C′, D′ se prolongent au-delà de
l'axe E F et baignent dans une nappe de mercure O, renfermée
dans la cuvette en fonte P. Les fils de communication m, n
assurent la liaison du microphone avec les organes de l'appareil, dans les conditions ordinaires. Les écrous qui maintiennent ces fils sont isolés à l'endroit où ils traversent la cuvette
en fonte.

Transmetteurs Maiche. — La clé d'appel a été remplacée
par un bouton poussoir.

Les charbons mobiles du microphone, préalablement garnis

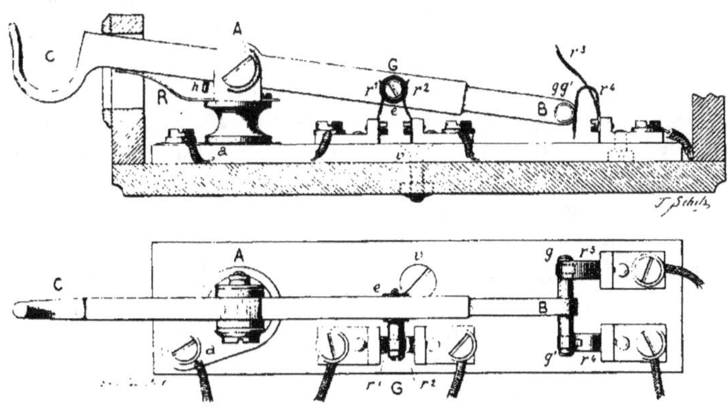

Fig. 25. — Levier-commutateur du transmetteur Maiche.

de bagues en caoutchouc, pour les empêcher de se toucher,
sont aujourd'hui séparés par de petites languettes de bois. La
planchette microphonique est assujettie, par quatre boulons.
sur un cadre qui, lui-même, s'adapte, au moyen de deux vis, à
la boîte de l'appareil.

Le microphone prend contact avec le reste du circuit primaire par deux lames platinées, boulonnées sur les charbons
prismatiques extrêmes; ces lames reposent sur deux ressorts,
vissés sur les joues de la bobine d'induction.

Le levier-commutateur (*fig.* 25) se termine, en B, par une

goupille $g\,g'$ qui le traverse de part en part et qui, suivant la position du crochet C, prend contact avec le ressort r^4 ou avec le ressort r^3 et met en relation la ligne, attachée en a, au pivot du levier, soit avec les récepteurs, soit avec la sonnerie. Vers le milieu du levier, une seconde goupille G, métallique, mais isolée du levier par la rondelle e, ouvre ou ferme le circuit primaire, en abandonnant les deux ressorts-lames r^1, r^2, ou bien en les réunissant. R est le ressort antagoniste, h est une butée d'arrêt.

Dans l'appareil à pied, les bornes ont été reportées sous le socle, et c'est là que viennent s'attacher les différents brins du cordon souple à sept conducteurs.

Transmetteurs Mercadier et Anizan. — Les modèles de MM. Mercadier et Anizan ont été admis sur les réseaux en 1893; ils permettent, par la simple manœuvre d'un bouton poussoir, de correspondre à volonté à courte ou à longue distance.

Dans un double prisme en charbon A, B (*fig. 26*) percé de trous cylindro-coniques, s'engagent huit charbons mobiles tels que C D. Les prismes A, B sont fixés sur la membrane microphonique par le boulon c et l'écrou b; ils sont calés par des tasseaux x, y, z. Chacun des charbons mobiles est cylindrique à sa base et taillé en pyramide à son sommet.

La partie cylindrique est enfoncée dans une douille métallique D, percée elle-même d'un trou conique t. Sur deux plaques métalliques P, P', isolées l'une de l'autre, et dont nous verrons plus loin les liaisons électriques, sont placées huit chevilles métalliques, e, e... C'est sur ces chevilles que reposent les douilles métalliques t des charbons mobiles; les sommets de ces charbons, en forme de pyramide, sont logés dans les trous des prismes A, B et s'y meuvent très librement. Tel est le microphone.

Sur la portion de la figure qui représente les plaques P, P' et une coupe des charbons mobiles, on voit que ces charbons forment deux groupes de quatre charbons montés en quantité; ces deux groupes sont eux-mêmes montés en série par leur liaison à travers les prismes de charbon A, B. La coupe longitudinale de l'appareil, placée sur la gauche de la figure, montre les positions respectives des deux rangées de charbons; elles sont parallèles, et les charbons y sont inclinés, faisant un angle d'environ 15° avec la verticale.

Pour parer à un calage des charbons, peu probable d'ailleurs, en raison de leur grande mobilité, pour chasser aussi les poussières qui pourraient altérer les points de contact, les

inventeurs ont imaginé un système de réglage qui permet de
faire rouler les charbons mobiles sur leurs pivots. Un cordonnet de soie f, f, f', f', entoure chacun des charbons; les
deux brins de ce cordonnet sont noués derrière le ressort en
acier R et sont fixés, d'autre part, à la barrette h qui supporte
le bouton T. Cette barrette, maintenue par le ressort r dans la

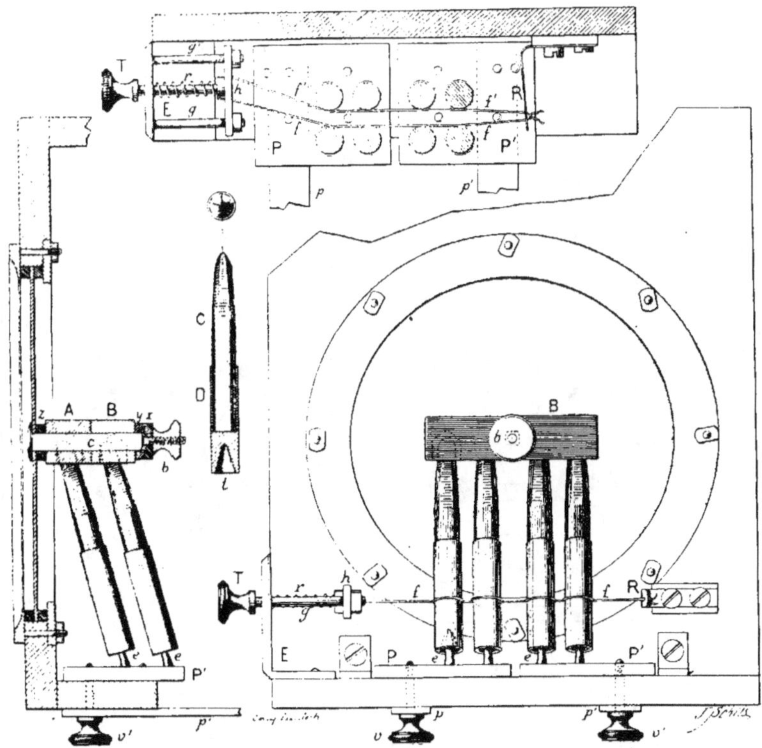

Fig. 26. — Détails du microphone Mercadier et Anizan.

position que représente la figure, glisse sur les tiges g, g' lorsqu'on tire le bouton T; le ressort R obéit lui-même à cette
impulsion, de sorte que, en tirant plusieurs fois le bouton T,
comme on tirerait un bouton de sonnette, on imprime à tous
les charbons mobiles un mouvement de rotation autour de
leur axe.

La figure 27 montre le mécanisme du levier-commutateur.
Ce levier pivote autour de la vis A et est commandé par le ressort antagoniste i; il est terminé par une pièce en ébonite E

qui porte une goupille métallique g', dont le rôle consiste à fermer ou à ouvrir le circuit primaire, en s'appuyant sur les ressorts r^3, r^4 ou en les abandonnant. Sur la partie métallique du levier, en g, une seconde goupille rencontre le ressort r^1 ou le ressort r^2, suivant la position du crochet C. Dans le premier cas, la ligne qui aboutit au levier, en h, est en relation avec la sonnerie; dans le second, elle communique avec le circuit secondaire.

La clé d'appel est un bouton poussoir du modèle ordinaire;

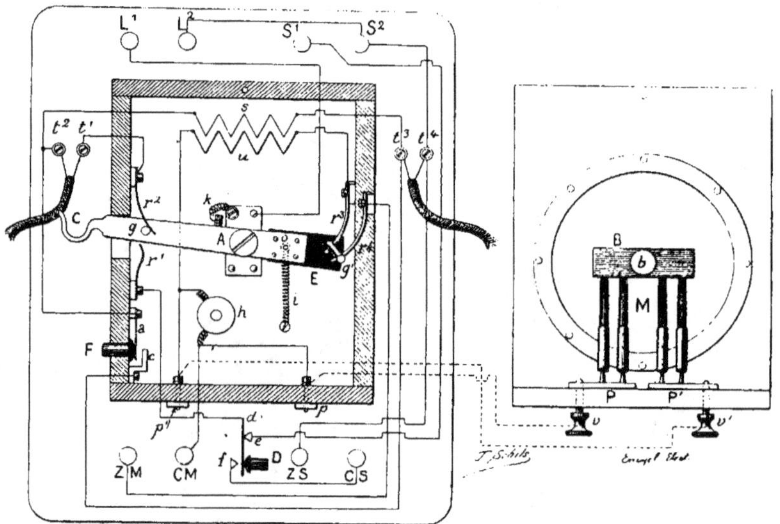

Fig. 27. — Communications du transmetteur Mercadier et Anizan.

il est situé vers le bas de l'appareil, entre les bornes de la pile microphonique et celles de la pile d'appel. Sur le côté gauche, il existe en F un second bouton, semblable au premier, mais destiné à un tout autre usage. En appuyant sur ce bouton, on met en court circuit le fil secondaire de la bobine d'induction et on diminue d'autant la résistance totale de la ligne. C'est cette position qu'il faut prendre lorsqu'on écoute sur une longue ligne interurbaine; on améliore ainsi très sensiblement la netteté de l'audition; lorsqu'on parle devant le microphone, on cesse d'appuyer sur le bouton F.

Le fil primaire de la bobine d'induction a une résistance de 1,5 ohm; le circuit secondaire est de 150 ohms; en outre, une bobine *h*, de 100 ohms, est montée en dérivation sur les charbons.

Ce shunt à demeure a pour effet de donner une nettete remarquable à la reproduction de la parole, et d'obvier aux crachements qui pourraient résulter de la grande sensibilité des charbons, sensibilité nécessaire pour les communications à longue distance. Pour plus de détails sur la question intéressante du shuntage des charbons, nous renvoyons le lecteur à un article publié par M. Anizan, dans le journal *la Lumière électrique*, n° 14 du 7 avril 1894.

Dans le transmetteur Mercadier et Anizan, l'appel se fait comme dans tous les téléphones, nous n'y reviendrons pas.

Ainsi que nous l'avons dit, le circuit secondaire est modifié suivant la position du bouton F. Lorsque le ressort a est séparé du contact c, le levier-commutateur étant dans la position de réception, le courant venant de L^1 passe par h, A, g, r^2, t^1, *récepteur de gauche*, t^2, s, t^3, *récepteur de droite*, t^4, S^2, L^2. Le levier-commutateur restant toujours dans la position de réception, lorsque le ressort a touche le contact c, le courant venant de L^1 suit le trajet h, A, g, r^2, t^1, *récepteur de gauche*, t^2, a, c, t^3, *récepteur de droite*, t^4, S^2, L^2.

Quelle que soit la position du bouton F, le circuit primaire est fermé par C M, p, v, P, M, P', v', p', u, r^3, g', r^4, Z M, *pile*, avec dérivation, à travers la bobine h, montée sur les charbons du microphone.

Le microphone peut se démonter en desserrant les boutons moletés v, v' qui, lorsqu'ils sont vissés à fond, servent à établir les communications électriques, en réunissant les barrettes p, p' aux plaques métalliques P, P'.

Le modèle mural et le modèle à pied ne diffèrent que par leur forme et par la disposition des fils de communication à l'intérieur.

Transmetteurs Mildé. — Dans le transmetteur mural, la maison Mildé n'a apporté que les modifications prescrites par la circulaire du 10 juin 1892.

Dans le modèle à pied, la forme du levier-commutateur a été changée, pour permettre d'obtenir des contacts à friction.

Le levier se compose de deux parties A, B (*fig.* 28), isolées l'une de l'autre par des rondelles d'ivoire. La vis D sert de pivot au levier; des butées b, b' limitent ses déplacements; R est le ressort antagoniste. La ligne aboutit à la platine qui supporte le levier, et la communication électrique est assurée par un boudin de sûreté.

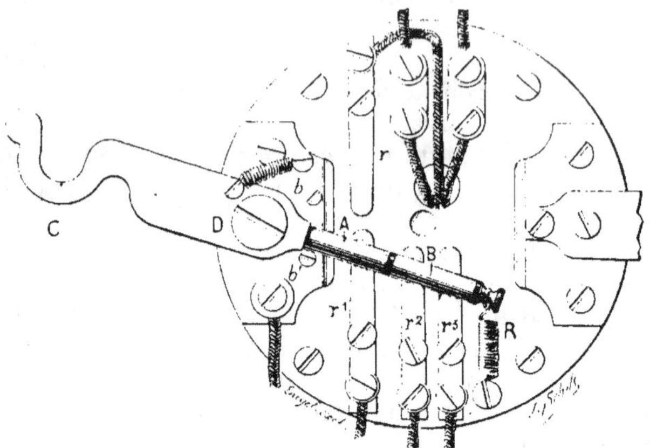

Fig. 28. — Levier-commutateur du transmetteur Mildé (modèle à pied).

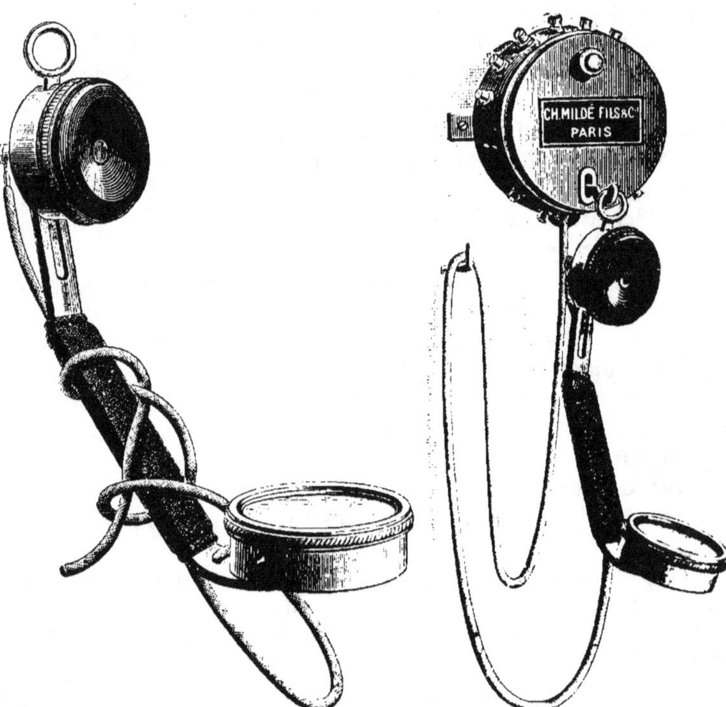

Fig. 29. — Appareil combiné, système Mildé.

Fig. 30. — Appareil combiné Mildé, suspendu à la boîte à crochet-commutateur.

Lorsque le crochet C est abaissé, le levier abandonne les ressorts r^1, r^2, r^3; il rencontre le ressort r; la ligne est sur sonnerie.

Lorsque le crochet C est relevé, le ressort r est isolé; la partie A du levier presse le ressort r^1 qui communique avec le circuit secondaire; les ressorts r^2, r^3, correspondant au circuit primaire, sont réunis métalliquement par la portion B du levier, isolée, comme nous l'avons dit, de la partie A.

M. Mildé a fait adopter également, pour le service des abonnés des réseaux, un appareil combiné à main (*fig.* 29), qui s'adapte soit à une *boîte à crochet-commutateur*, sorte d'applique murale (*fig.* 30), soit à une colonne montée sur socle (*fig.* 31). Cet appareil comprend un microphone à grenaille, système Mildé, monté sur une planchette ronde, en sapin, et renfermé dans un boitier métallique. Le récep-

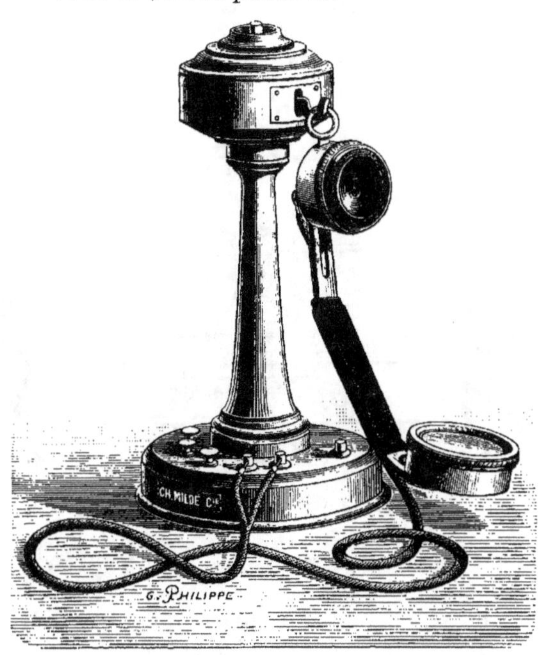

Fig. 31. — Appareil combiné Mildé sur socle à colonne.

teur est du modèle admis sur les réseaux; il est assujetti par une tige à écrou, dans la glissière d'un bras métallique qui réunit le récepteur au microphone. Les communications électriques sont assurées par un cordon souple à quatre conducteurs. Ce cordon est emprisonné sous une gaine de cuir, le long du bras métallique, à l'endroit où on le saisit avec la main. L'inclinaison du récepteur et du transmetteur, par rapport à ce bras, est telle, que lorsque le téléphone est appliqué sur l'oreille, le microphone est en face de la bouche.

Le mécanisme du levier-commutateur diffère un peu de celui que nous avons représenté (*fig.* 28); ainsi, par exemple,

le levier est placé dans une direction perpendiculaire à celle
du crochet, au lieu d'être dans son prolongement; le ressort
auquel est attaché le fil de ligne est constamment en communication avec le levier et remplit l'office de ressort antagoniste;
le ressort de sonnerie est recourbé en V renversé. Ces changements, de peu d'importance, résultent de la forme même de
l'appareil, mais la disposition des circuits n'a pas varié; nous
retrouvons le même mécanisme dans le support à colonne,
fermé à la partie supérieure par un couvercle à vis.

Transmetteurs Morlé et Porché. — Les transmetteurs
Morlé et Porché ont été admis sur les réseaux en 1893. Le micro-

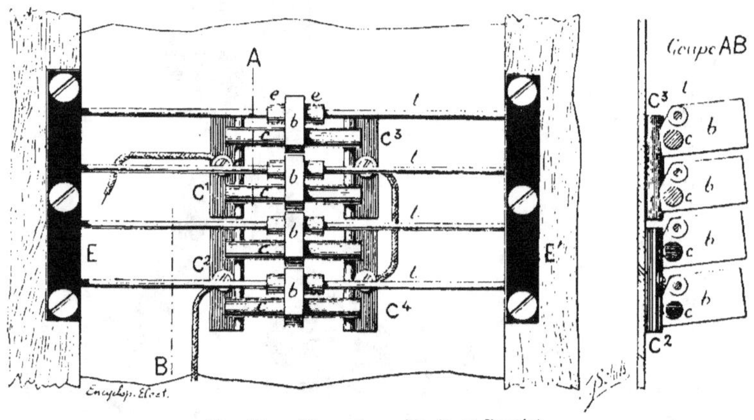

Fig. 32. — Microphone Morlé et Porché.

phone se compose de quatre plaques de charbons C¹, C², C³,
C⁴ (*fig. 32*) qui, en coupe, ont la forme d'un L; ces plaques
sont boulonnées sur la planchette microphonique; deux d'entre
elles sont réunies par un fil métallique; les deux plaques oppo-
sées reçoivent les fils d'entrée et de sortie du microphone. Sur
les bords du cadre qui supporte la planchette en sapin, sont
vissées deux plaques en ébonite E, E' qui maintiennent quatre
tringles métalliques, parallèles t, t, t, t. Sur chacune de ces
tringles est enfilé un bloc de laiton b, très mobile autour de la
tringle, mais dont les mouvements latéraux sont limités par
des rondelles de caoutchouc e, e enfilées, à frottement dur, sur
les tringles t. Chacun des blocs de laiton est traversé par un
cylindre de charbon c qui s'appuie, par ses deux bouts sur les
lames de charbon C¹, C², C³, C⁴. Les deux cylindres supérieurs
s'appuient sur la première paire de lames, les deux cylindres

inférieurs sur la seconde paire. Deux têtes de boulons auxquels aboutissent les fils partant des charbons C^1, C^2 s'appliquent, par pression, sur les ressorts m, m' (*fig.* 33) et assurent
la liaison du microphone avec le reste du système.

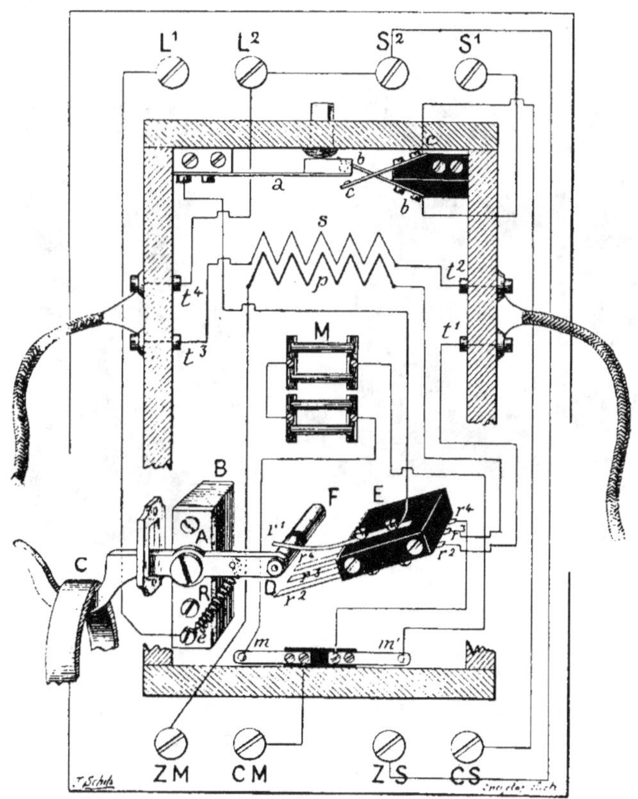

Fig. 33. — Communications du transmetteur Morlé et Porché.

Le levier-commutateur se déplace entre quatre ressorts, sup-
portés par une plaque en ébonite E.

Un cylindre en deux pièces. isolées l'une de l'autre D, F, est
rapporté à l'extrémité du levier, perpendiculairement à sa longueur. L'ensemble du levier CD et du cylindre DF pivote
autour de la vis A, et est commandé par le ressort antagoniste
R. Les fils de communication sont attachés aux ressorts r^1, r^2,
r^3, r^4. Quand le crochet C est abaissé, le cylindre DF soulève le
ressort r^1 : la ligne qui aboutit au levier, en e, est sur sonnerie.

Quand le levier est relevé, la partie D du cylindre rencontre le ressort r^2, la partie F réunit les deux ressorts r^3, r^4, la ligne est reliée au circuit secondaire et le circuit primaire est fermé.

Le bouton d'appel agit sur le ressort a garni d'une goupille qui, par friction, prend communication avec le ressort cc ou avec le ressort bb.

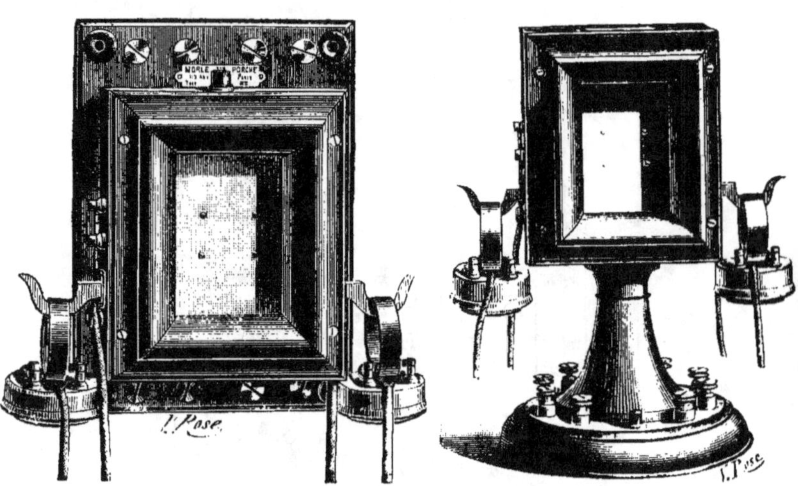

Fig. 34. — Transmetteur mural Morlé
et Porché.

Fig. 35. — Transmetteur à pied
Morlé et Porché.

Les figures 34 et 35 représentent le modèle mural et le modèle à pied.

Transmetteurs Mors-Abdank. — Si le mécanisme général de ces transmetteurs est resté le même, le microphone a été complètement changé; de même le modèle mural, anciennement monté sur un col de cygne, est devenu un appareil en forme de pupitre.

Deux prismes de charbon E, E' (*fig.* 36) sont fixés à la planchette microphonique par les boulons e, e, e', e'. Ces prismes sont traversés par les tringles métalliques t^1, t^2, t^3 qui, dans l'intervalle qui sépare E E', sont elles-mêmes enfilées dans des tubes de charbon. Sur ces tubes de charbon qui, dans notre dessin, sont en partie cachés par les autres organes, mais que l'on aperçoit cependant en C^1, C^2, C^3, sur ces tubes de charbon sont alternativement enfilées des rondelles d'os i, i..., i', i'... et des lames de charbon c, c..., c', c'...

De cette disposition il résulte que les charbons mobiles de

rang impair, c', c'... sont enfilés sur le cylindre C^2, que les charbons mobiles de rang pair sont enfilés sur le cylindre C^1,

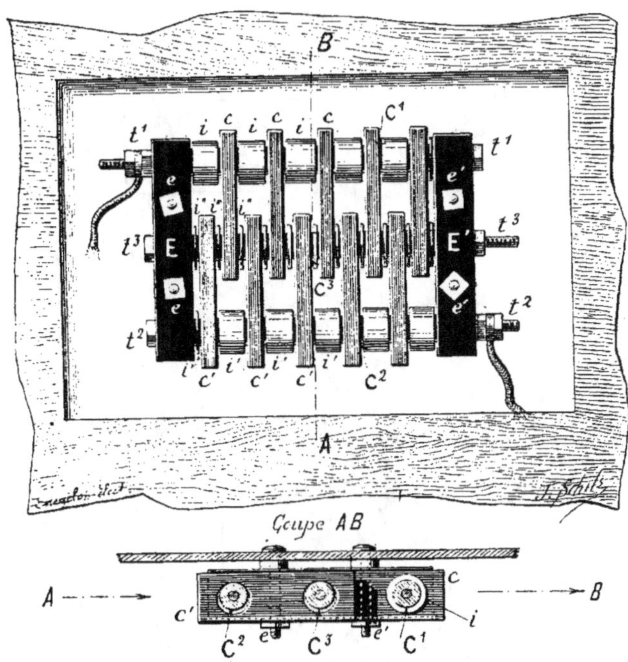

Coupe AB

Fig. 36. — Microphone Mors-Abdank.

mais que tous sont également enfilés sur le cylindre C^3, et séparés les uns des autres par les rondelles en os i'', i''.... Les communications du microphone sont attachées en t^1, t^2, et maintenues par des écrous.

La coupe A B montre que les charbons c et c' sont libres sur leurs points de suspension.

Une autre disposition intéressante

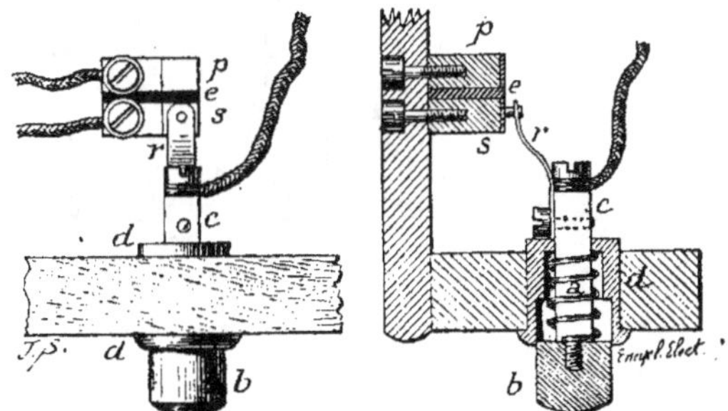

Fig. 37. — Clé d'appel du transmetteur Mors-Abdank.

du transmetteur Mors-Abdank est la clé d'appel (*fig.* 37). Le plot de travail *p* et le plot de repos *s* sont placés l'un à côté de l'autre, et séparés par une lame isolante *e*. Le bouton *b*, main-

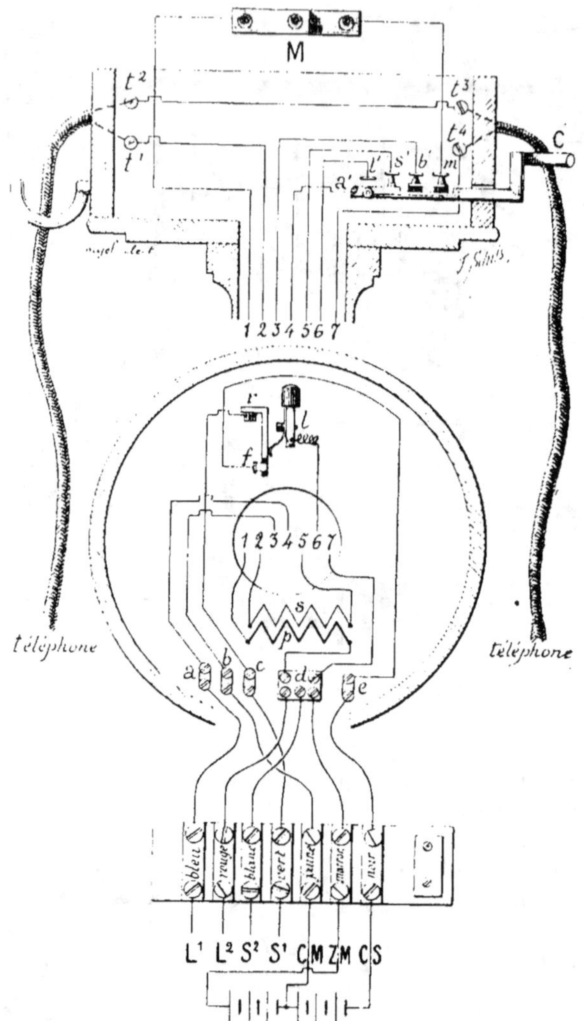

Fig. 28. — Communications du transmetteur Mors-Abdank (modèle à pieds).

tenu dans sa position de repos par le ressort à boudin *a*, est monté dans une chape métallique *d*. Il porte le ressort *r*, fixé par la vis *c*, et le fil de communication venant de la ligne. Le fil de pile aboutit au contact *p*, le fil de sonnerie au contact *s*.

En pressant sur le bouton b, on fait glisser le ressort r de s en p.

L'installation du modèle à pied se faisait anciennement au moyen d'une planchette de raccordement à 8 bornes, garnie d'un paratonnerre; on a recours aujourd'hui à la planchette à 14 bornes ordinaire qui, en réalité, n'établit que 7 communications, chaque paire de bornes correspondant à un des fils intérieurs et à un des fils extérieurs. Il en est résulté de légères modifications dans la disposition des communications intérieures; on peut les suivre aisément sur la figure 38 qui représente un poste à pied Mors-Abdank, réuni, par la planchette à 14 bornes, à la ligne, à la sonnerie et aux piles.

Transmetteurs Ochorowicz. — Les nouveaux appareils de M. Chateau ont été substitués aux transmetteurs inscrits sur les listes officielles sous la dénomination de transmetteurs Ochorowicz.

Transmetteurs Pasquet. — M. Pasquet a donné à son nou-

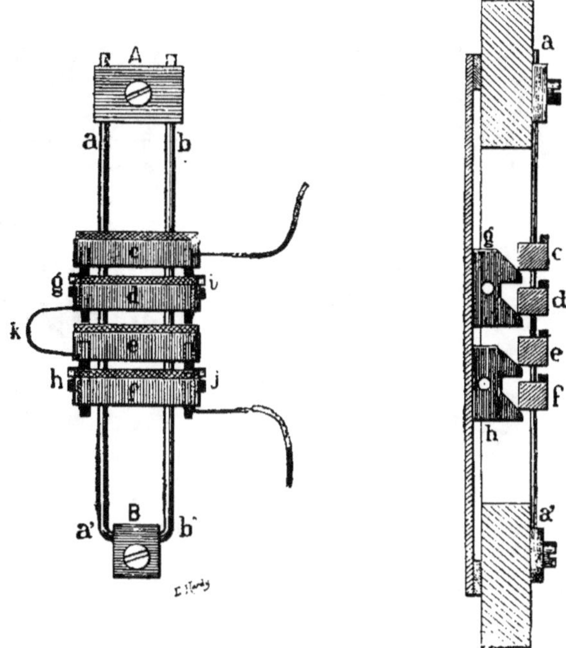

Fig. 39. — Microphone Pasquet.

veau microphone la forme que représente la figure 39. Les deux tringles aa', bb' sont les branches d'un U très allongé,

pincé sous les plaques A, B; ces tringles sont recouvertes d'une
forte couche de vernis isolant. Les prismes à base carrée
c, d, e, f, en charbon, glissent sur les deux tringles; une petite
lame de caoutchouc garnit la face supérieure de chacun de ces
prismes.

Les charbons latéraux g, h, i, j sont, comme par le passé,

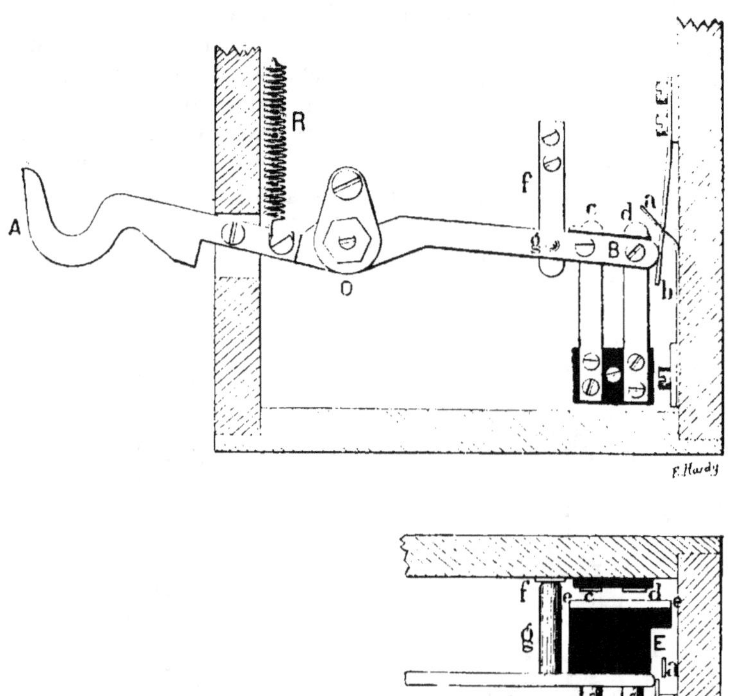

Fig. 40. — Levier-commutateur du transmetteur Pasquet.

divisés en quatre groupes. Les deux groupes g, h sont réunis
par une bride k en laiton nickelé: aux deux groupes i, j sont
attachés les fils de communication. Le levier-commutateur
(fig. 40) pivote autour de l'axe O. Le crochet A sert à suspendre l'un des récepteurs; le ressort antagoniste R ramène
le levier à sa position de repos lorsque le récepteur est décroché.

Dans le poste mural, le fil de ligne communique avec le
levier A B, par l'intermédiaire du ressort antagoniste garni,
à cet effet, d'un boudin de sûreté.

Dans le modèle à pied, la communication de la ligne avec le levier a lieu par un ressort *f*, appuyé sur une forte goupille *g*.

Le reste du mécanisme est le même dans les deux types.

Le poids du récepteur suspendu en A a pour effet d'abaisser la partie A O et de relever la partie O B. Dans cette position,

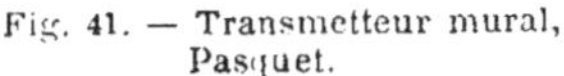

Fig. 41. — Transmetteur mural,
Pasquet.

Fig. 42. — Transmetteur à pied, Pasquet.

le point B est en relation avec le ressort *a*; la ligne est sur sonnerie; les ressorts *b*, *c*, *d* sont isolés.

Lorsque le récepteur est décroché, le ressort antagoniste R fait relever la partie A O, tandis que B O s'abaisse; alors B s'appuie sur le ressort *b*, *a* restant isolé. En même temps, les ressorts *c*, *d* sont unis par la petite barre métallique *e c*, isolée du levier A B par la pièce E. En fait, la ligne communique en B *b* avec le circuit secondaire et les récepteurs, tandis que le circuit primaire, dont les extrémités sont reliées aux ressorts *c*, *d*, est fermé par la pièce métallique *e e*.

Le poste mural (*fig.* 41) est réuni aux fils de communication
extérieurs au moyen de bornes. Dans le poste portatif *fig.* 42),
un cordon souple à 7 conducteurs est fixé à l'appareil et aboutit à une planchette de raccordement à 14 bornes, qui reçoit,
d'autre part, les fils venant de la ligne, de la pile et de la
sonnerie.

Transmetteurs Roulez. — Dans les transmetteurs Roulez, on
a abandonné la bobine amplificatrice pour revenir à la bobine
d'induction. Deux types sont actuellement admis sur les réseaux : un poste mural, un appareil à pied. Le mécanisme

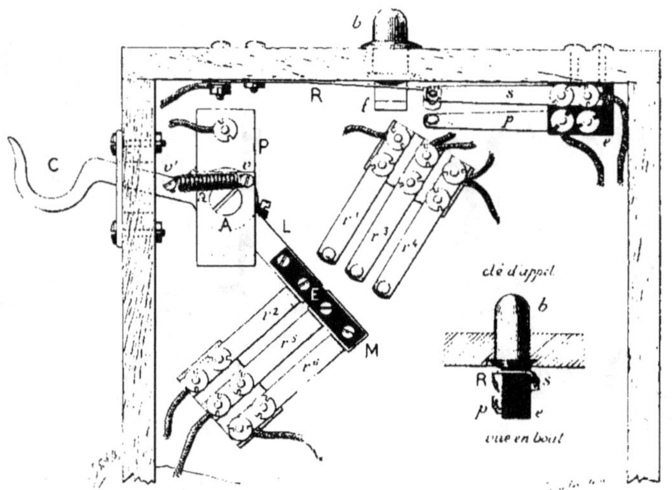

Fig. 43. — Levier-commutateur et clé d'appel du transmetteur Roulez.

de ces deux appareils est le même, mais il diffère sensiblement
de celui du type 1892.

Le levier-commutateur (*fig.* 43) est formé par un levier coudé
C L, qui pivote autour de l'axe A, et que commande le ressort
antagoniste a. Une lame d'ébonite E, rapportée sur l'extrémité
L, opposée au crochet C, soutient un plot métallique M qui
se trouve ainsi isolé du reste du levier. Le système, constitué
de la sorte, rencontre dans ses mouvements de bascule deux
jeux de ressorts, composés chacun de trois lames d'acier
r^1, r^3, r^4, r^2, r^5, r^6, isolées les unes des autres. Lorsque le crochet C est abaissé, la partie L du levier rencontre le ressort r^1,
la partie M établit la liaison entre les ressorts r^3 et r^4; la ligne
est sur sonnerie. Lorsque le crochet C est relevé, la partie L

du levier rencontre le ressort r^2, la partie M établit la liaison entre les ressorts r^5 et r^6; l'appareil est dans la position de transmission et de réception.

Les communications intérieures de l'appareil n'ont pas changé. Lorsque les deux ressorts r^3 et r^4 sont réunis par la pièce M, ils mettent en relation avec la borne L^2 le pôle négatif de la pile d'appel ou le fil de sortie de la sonnerie, suivant que l'on agit sur le bouton d'appel ou que celui-ci est au repos.

Dans ce bouton d'appel, le ressort R agit par friction sur les contacts s, p. Le ressort R est recourbé à son extrémité; au repos, il appuie sur le ressort s; lorsqu'il est abaissé par la pression exercée sur le bouton b, il abandonne le ressort s et rencontre le ressort p. Les ressorts s et p sont légèrement tordus, comme le montre la figure 43.

Transmetteur Sieur. — Le mécanisme du levier-commutateur de l'appareil Sieur a été complètement changé; il est absolument semblable, aujourd'hui, à celui des transmetteurs d'Arsonval et Paul Bert; nous avons décrit et figuré ce système (p. 18, *fig.* 13), nous n'y reviendrons pas.

II

Appareils accessoires.

Appel électro-magnétique, système Roulez. — Commutateur de mise à la terre (modèle de la Société industrielle des téléphones). — Commutateur de mise à la terre, système Mandroux. — Relais Ader.

Appel électro-magnétique, système Roulez. — Deux barres d'acier A^1, A^2 (*fig.* 44), fortement aimantées, sont recourbées

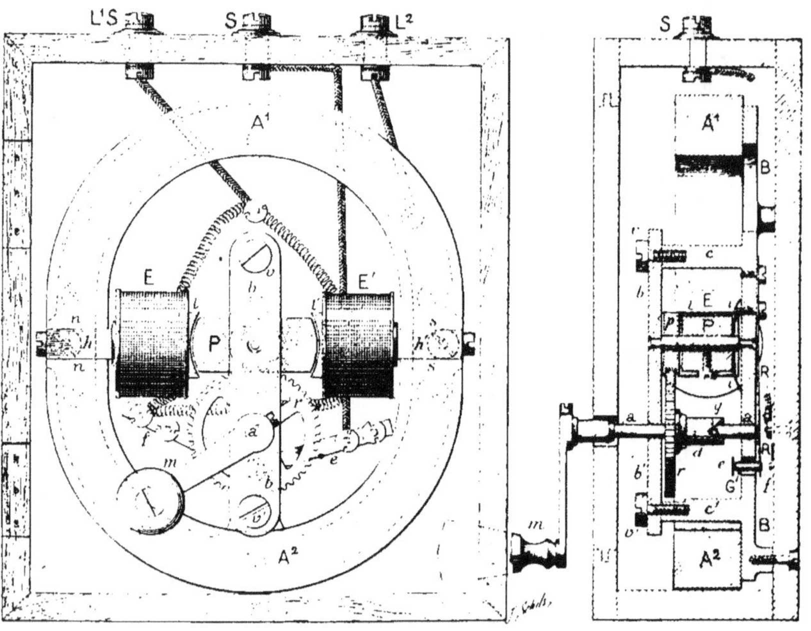

Fig. 44. — Appel électro-magnétique Roulez.

en U et placées en regard l'une de l'autre, leurs pôles de même nom se faisant face. Entre chacun des deux pôles de même nom est placée une forte tige de fer $h\,l$, $h'\,l'$ qui sert de noyau à une bobine d'électro-aimant E, E'.

Les pôles nord et sud de ce système magnétique se trouvent donc transportés en l et l'. Cet ensemble, ainsi que le bâti qui le supporte, constitue la partie fixe de l'appareil.

La partie mobile est formée par un noyau de fer doux P que l'on fait tourner, au moyen d'une manivelle m, dans le champ magnétique des deux aimants.

Ce noyau P est monté sur un axe vertical, surmonté par un pignon p. Le pignon engrène une roue dentée r, montée également lement sur un axe vertical a, et à laquelle s'adapte la manivelle m. L'entretoise en laiton $b\,b'$, vissée sur les montants c, c', assure le parallélisme des axes et l'entrainement régulier du noyau P. La roue r est folle sur son axe, mais le manchon d qui la soutient est entaillé suivant un de ses diamètres.

L'entaille a la forme d'un V dont chacune des branches obliques se terminerait, à l'endroit où elles sont le plus écartées, par une surface plane, disposée verticalement. Dans cette entaille passe une goupille g, adhérente à l'axe a. L'axe du

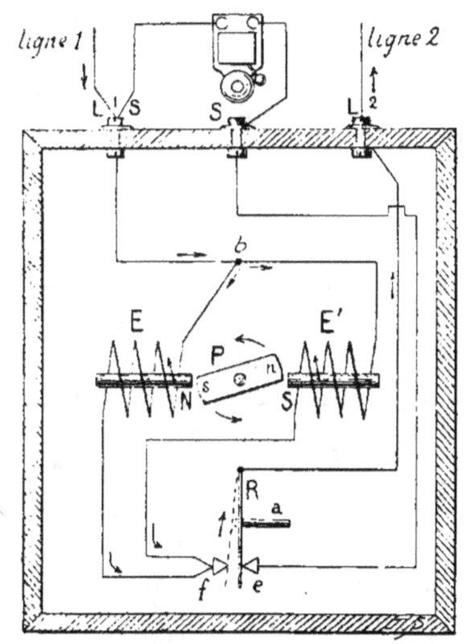

Fig. 45. — Communications de l'appel électro-magnétique Roulez.

noyau est sollicité de bas en haut par un ressort d'acier $i\,i$. Il en est de même de l'axe de la roue, mais ce dernier s'appuie sur un long ressort R R, appliqué sur la face postérieure du bâti, et terminé par une goupille G qui, traversant le bâti luimême, prend contact, suivant sa position, avec un ressort supérieur e ou avec un ressort inférieur f. Dans la position de repos, le ressort supérieur e est en contact avec la goupille G du ressort R R; mais lorsqu'on met la manivelle en mouvement, la goupille g de l'axe a glisse dans la rainure en V du manchon g de la roue, l'axe tout entier s'abaisse, entrainant avec lui le ressort R R qui prend contact avec le ressort inférieur f, tandis que la goupille G abandonne le ressort supérieur e qui reste ainsi isolé.

Trois bornes (*fig.* 45) sont fixées sur une des faces latérales de la boite, elles sont marquées L¹S, S, L²; ces bornes reçoivent les fils suivants : borne L¹S : ligne n° 1, entrée de la sonnerie; borne S : sortie de la sonnerie; borne L² : ligne n° 2.

A l'intérieur, la borne L¹S est reliée au plot b, qui reçoit également le fil d'entrée de l'une des bobines et le fil de sortie de l'autre; la borne S est en relation avec le ressort e; la borne L² est réunie, par l'un des aimants, en R, au massif de l'instrument; enfin, le fil de sortie de la première bobine et le fil d'entrée de la seconde aboutissent au ressort f.

Le noyau mobile de fer doux P, ainsi que les noyaux fixes des bobines sont soigneusement alésés, de façon que la rotation du fer mobile P puisse s'effectuer librement, avec le moins d'entrefer possible.

Chaque passage du fer doux détermine dans les bobines des courants induits. Lorsque le noyau mobile s'approche des noyaux fixes, il y a émission de courant dans un certain sens; lorsqu'il s'éloigne, il y a émission en sens contraire. Les courants émis de la sorte dans les deux bobines, et qui s'ajoutent, se rendent sur la ligne par la borne L¹S directement, et par la borne L² en traversant les ressorts f, R et le massif. Le circuit est fermé par la sonnerie du poste correspondant.

Quand l'appareil est au repos, les courants venant de la ligne actionnent la sonnerie en suivant le trajet L¹S, *sonnerie, S, e, R, massif, L²*.

Commutateur de mise à la terre (modèle de la Société industrielle des téléphones). — On en construit pour 10, 25 et 50 lignes. Le modèle est toujours le même; seule, la grandeur de l'instrument varie, par suite du nombre plus ou moins grand de conducteurs qu'il dessert.

Un plot et un ressort sont affectés à chaque conducteur. Le fil allant à l'appareil est attaché au plot c (*fig.* 46), sur lequel repose, en temps normal, le ressort r, vissé sur le plot d qui reçoit le fil de ligne correspondant; la continuité est ainsi assurée entre le conducteur de ligne et l'appareil téléphonique. Au-dessous de tous les ressorts r, l'axe métallique E E tourillonne entre les deux flasques e, e'. Cet axe est terminé en P P par une manette; un système d'encliquetage, représenté à la partie supérieure de la figure, permet d'arrêter l'axe E E dans deux positions fixes, suivant que la manette P P est inclinée à droite ou à gauche. Dans chacune de ces positions d'arrêt, le cliquet a s'engage dans un cran de la roue b, tandis que la goupille g s'oppose à un mouvement plus étendu.

L'axe E E est excentré et, lorsque la manette P P est inclinée à droite, il ne touche pas les ressorts r; mais, lorsque la manette est inclinée à gauche, il soulève tous les ressorts r et rompt le contact avec les plots c; il suffit donc de faire communiquer l'axe E E avec le sol pour mettre, d'un seul coup, toutes les lignes à la terre; c'est ce qui a lieu par la borne T, qui communique avec l'axe E E, et à laquelle est attaché un fil de terre.

Commutateur de mise à la terre, système Mandroux (*fig.* 47 et 48). — Le commutateur de mise à la terre ou *coupe-circuit*, imaginé par M. Mandroux, assure la mise à la terre simultanée de toutes les lignes qui y sont rattachées, mais garantit aussi leur indépendance et leur parfaite sécurité, par une mise à la terre automatique et individuelle, en cas de danger.

A chacun des plots L, L... arrive un fil de ligne. De chacun des plots A, A... part le fil qui conduit aux appareils

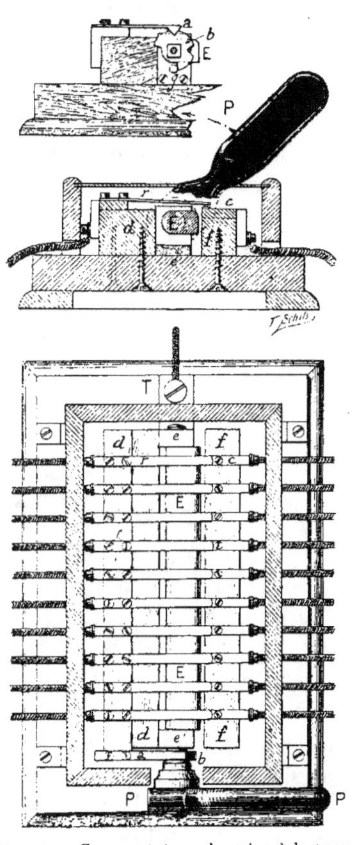

Fig. 46. — Commutateur de mise à la terre
(Société industrielle des téléphones).

téléphoniques. La continuité du conducteur est assurée entre L et A par un fil métallique, fusible ff, tendu entre les deux plots et pincé sous les vis v, v. Le fil de ligne se prolonge donc jusqu'à l'appareil téléphonique par l'intermédiaire du fil ff. La stabilité du système sur la boite M est assurée, pour chaque groupe de plots LA, par une réglette en ébonite, à laquelle ces plots sont fixés, mais qui les maintient isolés l'un de l'autre; la communication électrique entre L et A est donc évidemment rompue, dès que le fil ff vient à disparaitre.

Sur le prolongement du plot L est monté un levier coudé P o d, métallique, mobile autour de l'axe o. La masse P de ce

levier maintient la partie *d* appuyée sur les fils *f f*. Au-dessous
de la rangée des fils *f f*, et sans les toucher, court une réglette
métallique *p*, montée à pivot à ses deux extrémités. En regard
de chacun des fils *f f*, une languette *t* se détache de la réglette *p*, et est soutenue par le ressort *r*. En arrière, une saillie
de la réglette *p* s'appuie sur l'excentrique E′ qui fait partie de
l'axe C C, en relation lui-même avec la terre par la borne T.
Les languettes *t*, *t*... constituent donc autant de prises de
terre. Lorsqu'un des fils *f f* vient à être fondu, en tout ou en
partie, par une décharge d'électricité atmosphérique, la communication électrique est évidemment interrompue entre les

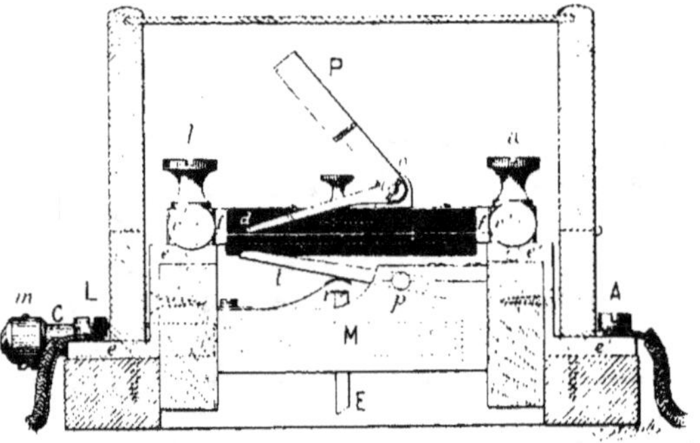

Fig. 47. — Commutateur de mise à la terre, système Mandroux (coupe).

plots L et A que réunissait ce fil; mais le levier coudé P *o d*
correspondant, manquant de point d'appui, tombe sur la languette *t* et met la ligne à la terre. Chaque ligne est, par conséquent, mise automatiquement à la terre par la rupture de
son fil fusible.

D'autre part, l'axe C C, que l'on peut faire tourner, en ma-
nœuvrant la manette *m*, porte un second excentrique E, qui
agit en sens inverse de l'excentrique E′, c'est-à-dire que,
lorsqu'on fait basculer la manette *m*, l'excentrique E soulève
la partie antérieure de la réglette *p*, en passant sous une des
languettes *t*, tandis que la portion postérieure, soutenue par
l'excentrique E′ s'abaisse. De ce fait, chacune des languettes *t*
soulève la palette *d* du levier coudé P *o d*, placé au-dessus
d'elle.

Par cette manœuvre, tous les leviers P *o d* abandonnent, au
même moment, les fils fusibles *f f*, sur lesquels ils reposaient,
et toutes les lignes sont mises simultanément à la terre par le

contact des leviers P o d avec les languettes *t* de la réglette *p* qui, comme nous l'avons dit, est en relation avec le sol par la borne T.

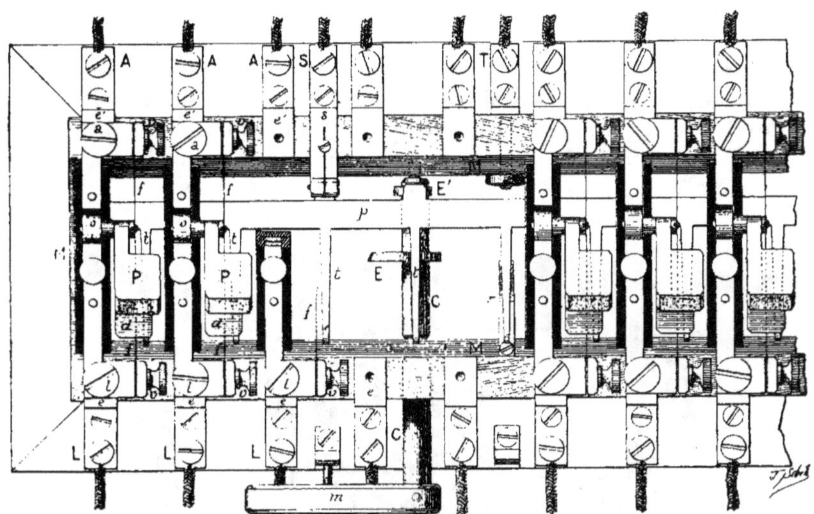

Fig. 48. — Commutateur de mise à la terre, système Mandroux.

Une indication inscrite sur la manette fait connaître la position qu'elle doit occuper dans chacun des cas que nous avons étudiés.

Relais Ader. — Le relais Ader, qui a été utilisé dans le montage du tableau multiple de Lille et qui forme l'un des organes des tableaux Ducousso, est souvent livré isolément à l'Administration, renfermé dans une boite.

C'est un fort aimant recourbé (*fig.* 49), dont les pôles, surmontés de plaques en fer doux, sont situés en N et en S. En regard de ces pôles, une bobine B, en forme de disque, sur laquelle est enroulé un mince fil de cuivre recouvert de soie, est suspendue en O par un axe à pivot. La résistance du fil fin est de 50 ohms. En temps ordinaire, les pôles de l'aimant sont sans action sur la bobine, que son mode de suspension maintient en équilibre entre les surfaces polaires. Mais, dès qu'un courant traverse le fil de cette bobine, elle est attirée vers la droite ou vers la gauche, suivant le sens du courant. Elle vient alors toucher, par sa pièce de contact *b*, le butoir *d* ou le butoir *d'*, qui sont réunis par un fil métallique.

Le fil recouvert est soudé à la joue postérieure a' de la bobine; il s'enroule sur celle-ci, dont les deux joues en laiton sont isolées l'une de l'autre par la plaque d'ébonite e et ressort librement pour aboutir à une des bornes supérieures de l'appareil, celle de gauche, par exemple. En réalité, sur son parcours, il est arrêté sous une borne isolée qui n'a pas été figurée; c'est une simple précaution au point de vue de la solidité. La joue a' est réunie, par un boudin très flexible, à la vis V', qui correspond à la borne supérieure de droite; l'ensemble du fil de la bobine est donc compris entre les deux

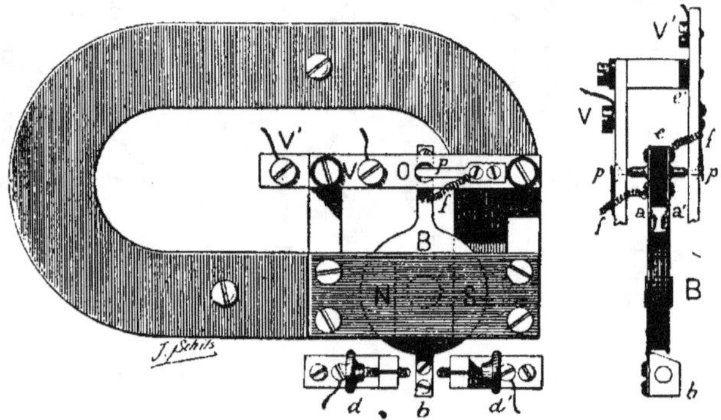

Fig. 49. — Relais Ader.

bornes supérieures du relais; c'est à ces bornes que l'on attache les fils de ligne.

La joue a, sur laquelle est vissée la pièce de contact b, communique, par le boudin f et la vis V, à la borne inférieure de droite. Les butoirs d et d', réunis ensemble par un fil métallique, sont reliés à la borne inférieure de gauche.

Si, comme nous l'avons dit, les fils de ligne sont attachés aux bornes supérieures; si d, d' communiquent avec un annonciateur ou avec une sonnerie, réunis d'autre part au pôle négatif d'une pile dont le pôle positif sera réuni à la borne inférieure de droite, c'est-à-dire à la vis V, chaque fois qu'un courant venant de la ligne traversera la bobine, le contact b rencontrera l'une des butées d ou d' et le circuit de la pile sera fermé sur l'annonciateur ou sur la sonnerie.

Ce relais est d'une sensibilité remarquable

Installation des lignes et des postes.

INSTALLATION DES LIGNES. — Quelques dispositions particulières. — Càble isolé au papier. — INSTALLATION DES POSTES : Postes d'abonnés. — POSTES CENTRAUX DE L'ETAT. — Table de coupure et de jonction pour lignes interurbaines, système Mandroux. — Appareil de coupure pour bureaux centraux. — Appareil de coupure pour lignes embrochées.

Quelques dispositions particulières. — Dans la construction des lignes interurbaines, on a fait usage, pour faciliter le croisement des conducteurs sur les poteaux, de ferrures

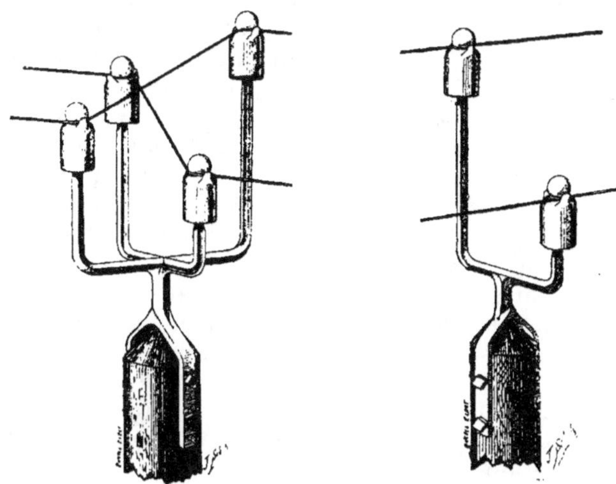

Fig. 50. — Consoles pour lignes téléphoniques.

doubles ou quadruples qui supportent les isolateurs. Cette disposition permet de ne pas couper le fil, tout en conservant la faculté d'opérer les croisements destinés à conjurer les effets de l'induction. Ces ferrures (*fig.* 50), à branches inégales, sont placées à la tête des poteaux et assujetties par des tire-fonds.

Dans le but d'augmenter la capacité des potelets, sans accroitre leurs dimensions, M. Voisenat, ingénieur des postes et des télégraphes, a été conduit à faire usage de consoles portant deux isolateurs (*fig.* 51). Ces consoles sont de deux modèles, suivant le côté du potelet auquel elles s'appliquent. Les tiges, alternativement longues et courtes, sont en fer rectangulaire de 20 millimètres sur 14; elles pèsent 1800 grammes; l'extrémité, arrondie et filetée, reçoit la cloche en porcelaine. Les fils sont, de la sorte, rapprochés à 20 centimètres, tout en restant suffisamment éloignés dans le sens horizontal.

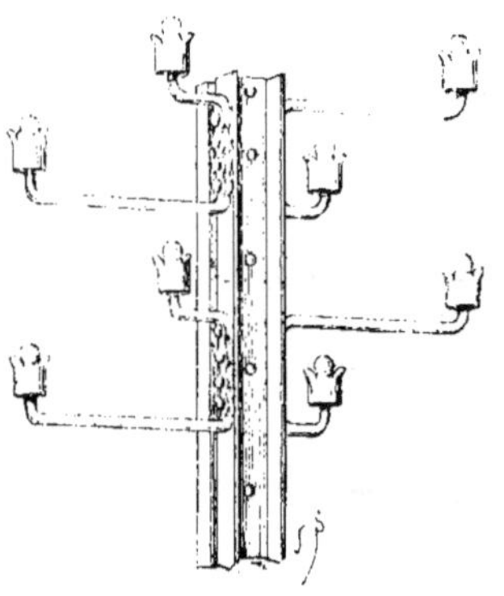

Fig. 51. — Consoles Voisenat.

Dans certains cas, il n'est pas possible d'établir de tourelle de concentration au-dessus du bureau téléphonique central d'un réseau urbain. Cela peut tenir à différentes causes locales, et notamment à ce que le bureau téléphonique est installé dans un monument historique, dont la tourelle altérerait le style architectural. Le fait s'est produit à Dijon.

On a alors groupé les conducteurs en deux nappes, arrivant dans des directions perpendiculaires, mais situées dans des plans différents. Ces deux nappes de fils ont été rassemblées sur des herses, auxquelles les surveillants ont accès par une échelle en fer, correspondant à un châssis à tabatière, ouvert dans la toiture.

Sur les isolateurs des herses, les conducteurs aériens sont reliés aux câbles sous plomb qui les conduisent à l'intérieur du bureau, et ces câbles sont eux-mêmes dissimulés à l'intérieur de la membrure des herses, constituée en fer en U.

Pour un autre motif, on a adopté une disposition particulière pour la tourelle du bureau central de Besançon. La charpente de la maison n'a pas semblé assez solide pour supporter directement une semblable construction. Alors, dans les deux pignons de la maison, on a enchâssé un pont en fer, parallèle à la ligne de faitage, et sur lequel s'appuie très solidement la charpente en fer de la tourelle. Ces dispositifs sont l'œuvre de M. Voisenat[1].

1. *Ann. Téleg.*, 1891.

Câble isolé au papier. — Il y a six ou sept ans, on a songé à employer le papier pour isoler les conducteurs des câbles à lumière et des câbles téléphoniques. Les premières tentatives faites par la *Norwich Insulated wire Company*, à New-York, ont pleinement réussi, et l'emploi des câbles sous papier s'est vite répandu.

Les câbles sous papier ont un isolement très régulier et n'offrent qu'une faible capacité. Ce sont des câbles de cette nature qui ont servi pour l'installation intérieure du bureau central de la rue Gutenberg, à Paris, et pour l'établissement d'une partie des lignes qui y aboutissent.

Ces câbles sont fabriqués à Paris, dans l'usine de M. Aboilard. Le procédé est simple, mais exige un bon outillage et beaucoup de soins.

Le papier est découpé en bandelettes, larges de 15 millimètres, dont on forme des rouleaux semblables à des rouleaux Morse, mais un peu plus gros; chaque bande a environ 800 mètres de longueur.

Placées sur une machine, ces bandes sont d'abord gauffrées légèrement, puis enroulées en spirale autour du conducteur. Deux spirales de papier sont ainsi posées en sens inverse; un léger guipage de coton sert à les maintenir. Les conducteurs sont ensuite câblés par paires, correspondant aux deux fils d'une même ligne.

Ces conducteurs sont placés sur des bobines en fer qui sont exposées, dans des fours à sécher, à une température de 110°C jusqu'à ce que toute trace d'humidité ait disparu.

Avec ces conducteurs, réunis par paire, comme nous l'avons dit, on compose des câbles à 2, 7, 26 et 52 lignes doubles, dont les fils se reconnaissent aisément à la couleur du fil de coton employé pour le guipage. L'ensemble est recouvert d'une enveloppe de coton et il ne reste plus qu'à opérer la mise sous plomb.

Le plomb est fondu dans une grande chaudière qui sert à approvisionner périodiquement le réservoir d'une presse hydraulique. Lorsque ce réservoir est convenablement rempli, le câble est introduit à l'intérieur, traverse, d'un mouvement continu et régulier, la masse de plomb qu'un léger refroidissement a rendue pâteuse et ressort garni de son enveloppe; un peu plus loin on l'enroule sur les bobines. Lorsque la provision de plomb est épuisée dans le réservoir, on arrête la marche du câble, on remplit de nouveau le réservoir et lorsqu'on remet la presse en action, la nouvelle couche de plomb se soude d'elle-même à celle qui est déjà refroidie, sans l'intervention de l'ouvrier. Cette machine est conduite par un seul homme. Les extrémités des bouts de câble sont bouchées par des tampons de plomb faisant corps avec l'enveloppe générale, de sorte que le câble peut être indéfiniment conservé en magasin, sans qu'il soit à craindre que l'humidité diminue son isolement; ce n'est qu'au moment de le mettre en service que l'on coupe la fermeture de plomb.

INSTALLATION DES POSTES

Postes d'abonnés. — Par suite des modifications provoquées par l'Administration dans la construction des appareils télé-

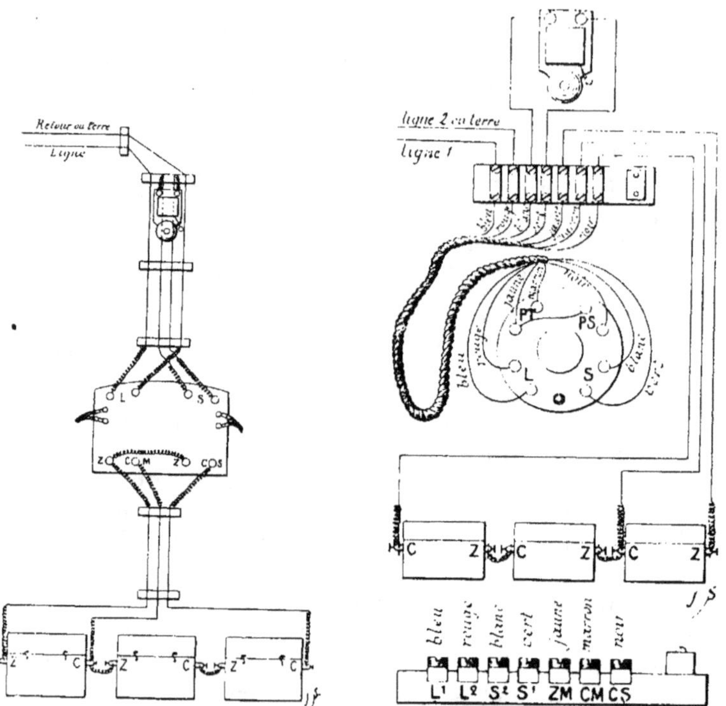

Fig. 52. — Installation d'un poste mural.   Fig. 53. — Installation d'un poste portatif

phoniques, l'installation des postes simples d'abonnés se réduit aujourd'hui à deux types : l'un pour le modèle mural (*fig.* 52 ; l'autre pour le modèle portatif (*fig.* 53). Pour cette dernière installation, on a admis que, dans tous les postes, les brins du cordon souple seraient attachés à la planchette de raccordement, de la manière suivante :

le brin bleu   à la première traverse,
—   rouge   —   seconde   —
—   blanc   —   troisième   —
—   vert   —   quatrième   —
—   jaune   —   cinquième   —
—   marron   —   sixième   —
—   noir   —   septième   —

Ces traverses sont comptées à partir du point le plus éloigné de la bride d'arrêt du cordon; elles sont d'ailleurs marquées, sur beaucoup de planchettes, L^1, L^2, S^2, S^1, ZM, CM, CS.

POSTES CENTRAUX DE L'ÉTAT

Table de coupure et de jonction pour lignes interurbaines, système Mandroux. — « En France, antérieurement au 1ᵉʳ janvier 1890, les communications interurbaines ne pouvaient s'échanger, en principe, qu'entre les deux points extrêmes d'une même ligne. Depuis cette époque, le réseau téléphonique interurbain a été constitué de manière à permettre aux réseaux d'une même région de communiquer entre eux par l'intermédiaire d'un poste central. De plus, ce poste central peut mettre tous les réseaux urbains de sa région en communication avec les autres régions. C'est ainsi que Rouen sert de poste central à tous les réseaux de Normandie; de même, Lille est le centre des communications interurbaines du Nord. Des bureaux centraux analogues ont été également installés à Reims, Nancy, Lyon, Marseille, Nice, Bordeaux, etc. Cette organisation a pris un développement d'autant plus considérable que le réseau téléphonique interurbain s'étendait davantage [1]. »

La table de coupure et de jonction, imaginée par M. Mandroux, a pour objet de rendre faciles et rapides les opérations que le personnel des bureaux centraux interurbains est appelé à exécuter. Un certain nombre de ces tables sont déjà en service, notamment à Bordeaux, Orléans, Nimes, Montpellier, Béziers, Limoges; elles fonctionnent très régulièrement. D'ailleurs, par des modifications de détail, l'inventeur a adapté

---

1. *Le Génie civil* (18 novembre 1893), t. XXIV, n° 3.

chacune de ses tables aux besoins locaux du poste qu'elle est appelée à desservir.

D'une manière générale, la table Mandroux permet de réaliser les combinaisons suivantes :

1° Relier les lignes interurbaines avec le réseau urbain :

a. — Par communication métallique directe, lorsque le réseau comporte un circuit à double fil ;

b. — Par l'intermédiaire d'un transformateur, lorsque le réseau est à simple fil avec retour par la terre.

Dans les deux cas, le bureau central peut placer un appareil d'opérateur en dérivation dans le circuit.

2° Relier les lignes interurbaines entre elles :

a. — Par communication métallique directe, avec ou sans annonciateur de fin de conversation dans le circuit ;

b. — Par communication métallique avec relais d'appel embroché dans le circuit, le bureau central conservant la faculté de se mettre en communication avec l'un ou l'autre des bureaux extrêmes, tout en laissant la section inoccupée sur annonciateur d'appel ;

c. — Par l'intermédiaire d'un transformateur, lorsqu'une ligne à circuit métallique doit être reliée à une ligne à fil unique.

Dans ces différents cas, un appareil d'opérateur peut être introduit dans le circuit.

Tout en restant indépendante du commutateur affecté au réseau urbain, la table Mandroux peut se raccorder à ce commutateur, quel que soit son système, et sans aucune modification apportée à l'installation ; la figure 54 montre la disposition et l'aspect général d'une de ces tables.

Nous choisirons comme type, pour notre description détaillée, la table installée à Bordeaux ; elle dessert 20 lignes interurbaines, les unes à circuit métallique, les autres à fil unique.

Le panneau vertical supporte :

1° 20 transformateurs, formant deux séries parallèles ;

2° 20 annonciateurs de service, numérotés de 1 à 20 ;

3° 20 annonciateurs de fin de conversation, numérotés de 1 à 20 ;

4° 20 annonciateurs de ligne, numérotés de 1 à 20 ;

5° 20 conjoncteurs en une seule rangée, numérotés de 1 à 20 ;

Sur le plan incliné :

6° 20 fiches de jonction, avec cordon souple à double conducteur et contre-poids ;

7° 20 fiches de jonction, dites *fiches de communication directe* ;

Sur la tablette :

8° 6 clés d'appel, en deux groupes, placées à la droite de la téléphoniste ;

9° Un clavier de 40 touches, formant deux séries indépendantes, de 20 touches chacune.

Fig. 54. — Table de coupure et de jonction pour lignes interurbaines.

Les appareils d'opérateur sont des Berthon-Ader, munis de cordons souples à 4 conducteurs, se terminant par une fiche à 4 lames que l'on introduit dans une mâchoire de raccordement adaptée à la table. Deux tablettes à rabattement, placées de part et d'autre de la table, permettent, au besoin, à des téléphonistes supplémentaires de prendre part au travail.

Le transformateur (*fig.* 55) est une bobine à noyau de fils de fer; chacun des deux enroulements qui la garnissent a une résistance de 300 ohms. Cette disposition suffirait pour assurer la continuité téléphonique entre une ligne à double fil et une ligne à conducteur unique; en effet, en reliant les deux fils de la ligne double à l'un des circuits, en mettant l'autre circuit en relation avec la ligne simple et avec la terre, les courants téléphoniques parcourant le premier circuit induiront dans le second d'autres courants qui feront fonctionner les récepteurs du poste desservi par la ligne simple. Mais, pour assurer les appels au moyen d'une pile et pour obtenir la chute du volet de l'annonciateur, il a fallu ajouter au transformateur un interrupteur. Cet interrupteur consiste en une armature a, placée en regard du noyau n, et montée sur le ressort r, fixé par une vis au plot métallique E. Le plot E, qui communique

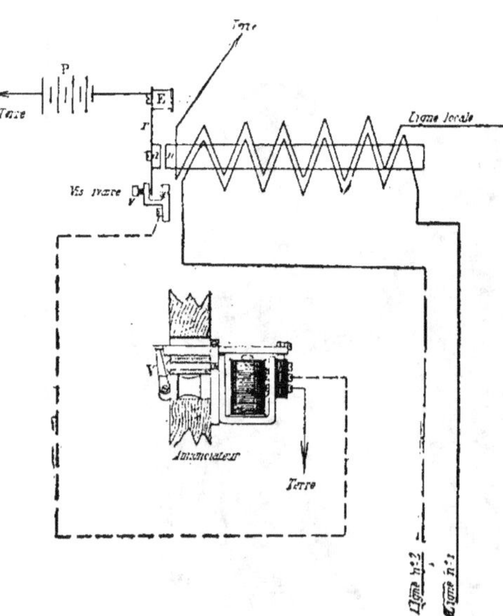

Fig. 55. — Transformateur.

avec la pile locale P, est monté à glissière et permet de régler l'interrupteur. La vis v, en ivoire, sert de butée au ressort r et empêche le circuit de la pile P d'être fermé en permanence sur la bobine de l'annonciateur.

Les courants téléphoniques qui circulent dans les enroulements du transformateur sont impuissants à aimanter le noyau n, mais lorsque l'une des deux lignes appelle, en émettant un courant de pile, le noyau n s'aimante et attire l'armature a; le ressort r abandonne la vis v et rencontre le contact c; le circuit de la pile P est alors fermé à travers l'annonciateur, l'armature de ce dernier est attirée et le volet V tombe.

L'annonciateur est fixé sur le panneau vertical de la table par une vis v (fig. 56). Il se compose d'une bobine E, dont la résistance est de 500 ohms; cette bobine est montée sur le bâti B qui supporte l'armature A, pivotant entre les pointes de deux vis *o*. La partie antérieure *c* de l'armature, taillée en crochet, et soutenant le volet V, monté à charnière, est assez lourde pour maintenir la partie postérieure éloignée du noyau de la bobine E ; une butée *b* règle cet écartement. Les deux extrémités du fil de la bobine sont pincées sous les vis *v′*, *v″*, isolées par un plot d'ébonite, mais communiquant aux

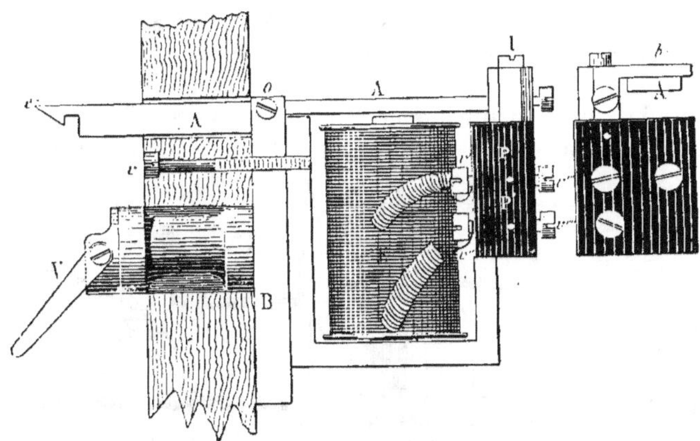

Fig. 56. — Annonciateur.

plots P, P′. L'un de ces plots, P, reçoit par la vis *v″* le fil de liaison avec l'interrupteur du transformateur ; l'autre, P′, relié au massif, est mis directement à la terre par la vis *v″″* ; cette disposition est représentée par la figure 55. Lorsque la partie postérieure de l'armature est attirée, la partie antérieure dégage le volet V qui, tombant par son propre poids, laisse voir le numéro de la ligne qui a appelé.

Le conjoncteur (*fig.* 57) se compose de trois blocs métalliques A, B, C, montés sur une plaque en ébonite E et assemblés par les tiges T¹, T², T³, qui servent en outre à fixer le conjoncteur sur le panneau vertical de la table au moyen d'écrous, et qui reçoivent les fils de communication. La tige T¹, qui reçoit le fil de ligne n° 1, est montée sur le bloc A ; elle est isolée du bloc C qu'elle traverse dans un canon en ivoire. La même disposition est adoptée pour la tige T² qui reçoit le fil de l'annonciateur et est montée sur le bloc B. Quant à la tige T³, elle est directement fixée au bloc C ; c'est à elle qu'aboutit le fil de ligne n° 2.

Le trou *t*, calibré sur le profil de la fiche de jonction, traverse de part en part le bloc A, la lame d'ébonite E et le bloc C ; c'est dans ce trou que l'on introduira la fiche.

Le ressort R, vissé sur la face latérale du bloc C, porte un goujon qui s'engage dans ce bloc et émerge légèrement dans le trou *t*, de sorte que, chassé par la fiche, au moment de son introduction, il assure un bon contact. De même, au repos, le bloc A (fil de ligne) doit être réuni au bloc B annonciateur); il doit, au contraire, en être isolé lorsque la fiche est introduite dans le trou *t*. Cette double condition est réalisée par la broche *b* qui, encastrée dans le bloc A et pressée par le ressort à boudin *r*, s'appuie sur le bloc B. Mais, au moment de son introduction dans le trou *t*, la fiche, rencontrant la gorge pratiquée dans la broche *b*, agit sur la partie inclinée de celle-ci, la chasse vers le haut, en faisant fléchir le ressort *r* et

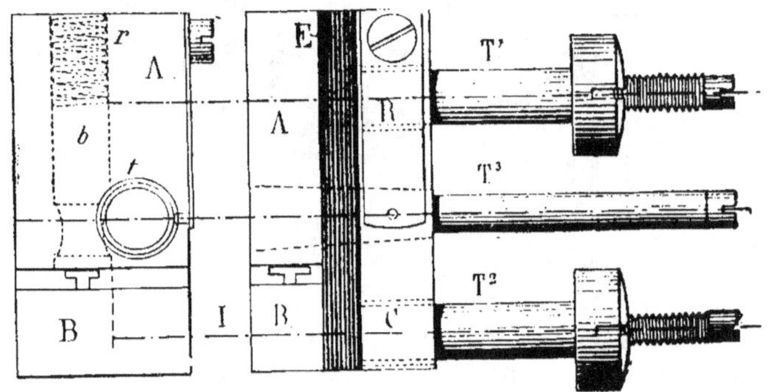

Fig. 57. — Conjoncteur.

force ainsi la broche *b* à abandonner le contact du bloc B qui reste isolé.

La fiche de jonction (*fig.* 58) est celle que nous avons décrite dans *Téléphonie pratique*, page 352. Les deux conducteurs du cordon souple s'attachent en *l* et *l'*; ils communiquent respectivement avec le téton *t* et avec la gaine *g*, isolés l'un de l'autre. Lorsque la fiche est placée dans le conjoncteur, le téton *t* communique avec le bloc C, la gaine *g* communique avec le bloc A.

Le clavier est un commutateur dont chaque touche, communiquant avec une ligne, permet à la téléphoniste de mettre son appareil téléphonique en relation avec cette ligne. La manœuvre est rapide et ne donne lieu à aucune confusion, car deux touches ne peuvent rester simultanément abaissées, l'une se relevant automatiquement au moment où l'on abaisse l'autre. Nous avons déjà eu l'occasion de décrire ce clavier (*Téléphonie pratique*, p. 354), mais, comme il a subi quelques modifications, nous allons l'étudier de nouveau.

Dans la table de Bordeaux, que nous avons choisie comme type, le clavier porte deux rangées de touches, à raison de 20 touches par rangée. La première rangée est affectée aux lignes interurbaines, la seconde rangée reçoit les *lignes locales* qui, à l'intérieur du bureau, établissent la liaison entre la table Mandroux et le commutateur central qui dessert le réseau urbain. Le mécanisme des touches est le même, dans

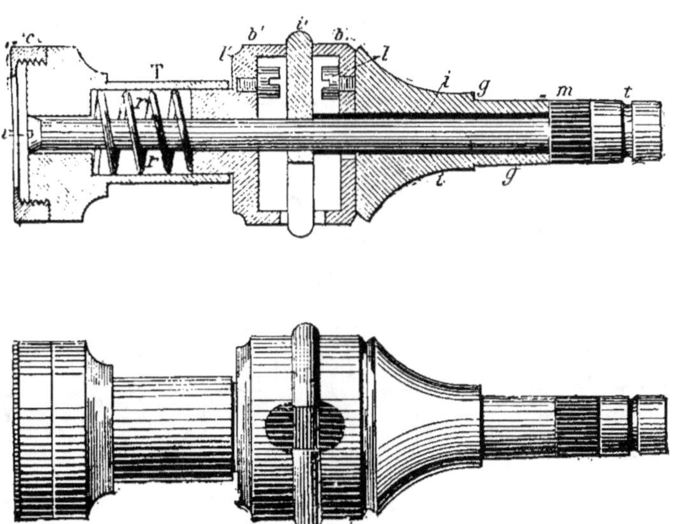

Fig. 58. — Fiche de jonction.

les deux rangées, mais, d'une rangée à l'autre, les communications électriques diffèrent. Les touches des lignes interurbaines reçoivent en *v'* (*fig.* 59) le fil de ligne n° 1, en *v″* le fil de ligne n° 2; les touches de lignes locales ont leur vis *v'* à la terre, tandis que la ligne locale aboutit à la vis *v″*.

Le levier A B, pivotant autour du point *o*, forme la partie apparente de la touche; il porte en A, sur une plaque émaillée, l'indication de la ligne qu'il dessert. La partie B s'appuie sur un levier coudé C D E, monté sur l'axe D et dont l'extrémité E rencontre le ressort *r*, dont elle est isolée par la pastille d'ébonite *e*. Dans cette position, qui est la position de repos, le ressort *r* est en contact avec le plot *c'*. Lorsque la touche A est abaissée, le levier coudé C D E a basculé autour de l'axe D, le ressort *r* a abandonné le plot *c'* et a pris contact avec le plot c; le bras de levier C a rencontré le ressort v'. Il s'agissait de maintenir le levier C D E dans l'une ou l'autre des positions que la manœuvre de la touche A l'oblige à occuper; M. Mandroux y est parvenu d'une manière particulièrement ingénieuse.

Une règle d'acier F, biseautée, court, tout le long de chaque clavier, en regard des pièces a, également biseautées, et fixées sur chacun des leviers C D E, de façon à former une ligne parallèle à l'arête de la règle F. Cette dernière est assujettie sur la pièce G, supportée elle-même par le châssis du clavier au moyen de deux vis à centre, formant pivots. Un ressort en

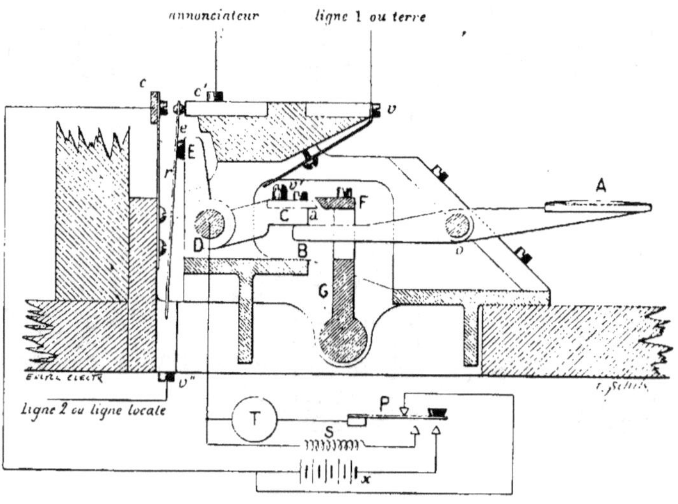

Fig. 59. — Clavier.

acier maintient la pièce G dans la position verticale, mais lui permet de fléchir légèrement vers la droite, sous l'effort d'une pression agissant dans ce sens, et la ramène dans la position verticale dès que l'effort cesse.

Le levier coudé C D E est maintenu dans sa position de repos par la pression du ressort r. Lorsqu'on abaisse la touche A, la partie B soulève la partie C du levier C D E, le biseau a glisse sur le plan incliné de la règle F et refoule celle-ci vers la droite; mais, dès que le biseau a a dépassé l'arête de la règle F, celle-ci, sous l'action du ressort en acier qui la commande, reprend sa position initiale et se place au-dessous de la pièce a qui reste ainsi enclenchée. Le ressort r est alors en contact avec le plot c, et la pièce a avec le ressort v'.

Le déclenchement se produit par la manœuvre d'un levier spécial, qui rejette, pour un instant, vers la droite, la règle F et permet ainsi à la pièce a, enclenchée, de retomber sous la pression du ressort r. La téléphoniste doit donc manœuvrer ce levier dès que ses opérations sont terminées sur la ligne avec laquelle elle avait pris communication. Mais, pour éviter toute erreur ou toute omission, l'abaissement d'une touche quelconque détermine le déclenchement de toute autre touche préalablement enclenchée; en effet, la règle F, repoussée par le biseau a du levier C D E qui se soulève, laisse retomber toute autre pièce a qu'elle soutiendrait à ce moment.

La figure 59 montre la disposition des circuits. Au moment de l'appel, qu'il s'agisse d'une ligne interurbaine ou d'une ligne locale, le courant suit le trajet v'', r, c', *annonciateur*; le volet tombe; la téléphoniste abaisse la touche correspondant à la ligne qui a appelé et se trouve ainsi en relation avec cette ligne, par v'', r, c, P, T, D, v', v, *ligne 1* ou *terre*, T représentant l'appareil d'opérateur de la téléphoniste.

Lorsque la téléphoniste veut appeler un poste, elle se met en relation avec la ligne qui dessert ce poste en abaissant la touche correspondante, puis appuie sur la clé d'appel P. Le courant de la pile d'appel suit alors deux directions pour arriver au point D : 1° le récepteur téléphonique T; 2° la bobine de dérivation S. A partir de D, l'un des pôles de la pile est en relation avec la ligne 1 ou avec la terre par v', v, l'autre pôle avec la ligne 2 ou la ligne locale, par c, r, v''.

Au départ, le courant traverse le récepteur, dont la résistance est considérablement réduite par la dérivation S. Cette disposition a pour but de donner à la téléphoniste l'indication de l'état de la ligne et du poste correspondant. En effet, si la ligne est isolée, le récepteur reste silencieux; si, au contraire, le poste est sur sonnerie, le téléphone fait entendre un bruissement qui est la reproduction des mouvements de l'armature de la sonnerie du poste correspondant.

Les clés d'appel sont divisées en deux groupes de trois clés comprenant chacun : 1 clé d'appel en positif et 1 clé d'appel en négatif pour les lignes interurbaines; la troisième clé est réservée à l'appel sur les lignes locales.

Au point de vue mécanique, les clés sont toutes semblables; elles diffèrent par leurs connexions électriques.

Le piston B (*fig.* 60), terminé par le cône p, est maintenu relevé par le ressort à boudin r, qui s'appuie sur la pièce métallique *m* constituant le massif de la clé. En *r*, un ressort lame *r'* est placé entre le cône *p* et le massif *m*, de telle sorte que, quand le piston B est relevé, *r* est en contact avec le massif *m*; mais, si B est abaissé, *r*, par son élasticité propre, abandonne le massif *m*. Les prises de courant sont en *c*, *c*; le ressort *r''* est intercalé entre le cône *p* de la clé positive et la prise de courant *c*; c'est un contact de dérivation pour la clé négative.

Pour envoyer le courant positif sur la ligne, on presse la clé B (+). Ce courant suit le trajet suivant : P, *borne* +, x, c *de droite, r'', g, o, bobine de dérivation* D, *ligne* 1, *ligne* 2, *massif m de* B (—), *r' de* B (—), *v, y, borne* —.

Un courant dérivé traverse en même temps l'appareil d'opérateur par *p, m de* B (+), *circuit secondaire s s de la bobine*

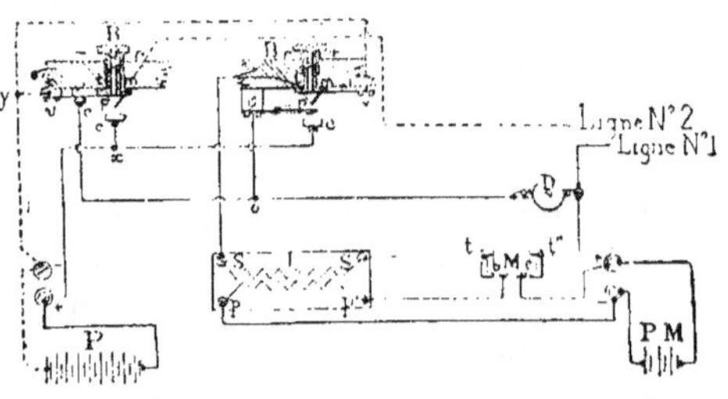

Fig. 60. — Communications des clés d'appel.

d'induction I, *t, t'' de la mâchoire* M, *récepteur intercalé entre t et t''* et rejoint le circuit principal au point de jonction de la bobine D avec la ligne 1.

Pour envoyer le courant négatif sur la ligne, on presse la clé B (—). La marche du courant est la suivante : *borne* — *de la pile* P, *v de* B (—), *ressort r appuyé sur le contact c', o,* D, *ligne n°* 1, *ligne n°* 2, *m, t, p de* B (—), *c, x, borne* +. Le courant dérivé passe par *borne* —, *y, v, r, m de* B (+), *s s de* I, *t, récepteur, t''*, et rejoint la ligne n° 1 à son point de jonction avec la bobine D.

Le fonctionnement de la clé d'appel pour les lignes locales est clairement indiqué par la figure 61. Lorsque la clé est au repos, le courant de la ligne locale arrive à l'appareil d'opérateur par la tige du piston *t* et le ressort *r*. Lorsque le piston est abaissé, l'appareil d'opérateur est isolé, et le courant de la pile P passe de *c* en *p* sur la ligne locale.

La figure 60, qui représente les connexions des clés d'appel, montre également comment l'appareil d'opérateur, un Berthon-Ader, est introduit dans le circuit, en plaçant la fiche à 4 lames de cet appareil dans la mâchoire à 4 contacts M.

Sur la figure 62, on voit la disposition des fiches et des cordons souples. Ceux-ci passent sur une poulie de renvoi *p* et

sont tendus par un contre-poids à poulie P. On se rappelle
que les fiches sont, suivant leur affectation, désignées par les
noms de *fiches de jonction* et de *fiches de communication directe.*

Le cordon souple des fiches de jonction est attaché à des
bornes T^1, T^2; celui des fiches de communication directe
aboutit à des bornes L^1, L^2.

Les bornes T^1, T^2 sont reliées à l'un des circuits d'un transformateur. Les bornes L^1, L^2 reçoivent les deux conducteurs

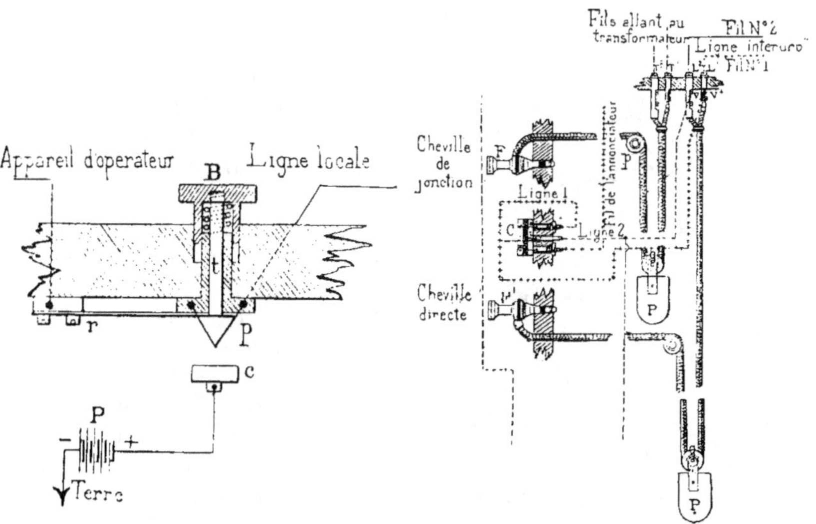

Fig. 61. — Clé d'appel.   Fig. 62. — Montage des fiches et des cordons
souples.

d'une ligne interurbaine qui, par les vis v, v' et des fils recou-
verts, se prolongent jusqu'au conjoncteur C.

L'ensemble d'une fiche de jonction F, d'un conjoncteur C et
d'une fiche de communication directe F^1, forme, en quelque
sorte, *un groupe*, et tous les groupes sont montés d'une façon
identique. Veut-on mettre en relation une ligne interurbaine
avec une ligne locale? la fiche F du groupe de la ligne locale
est introduite dans le conjoncteur C du groupe de la ligne
interurbaine. Veut-on mettre en relation deux lignes interurbaines? la fiche F^1 du groupe de la première ligne interurbaine
est introduite dans le conjoncteur C du groupe de la seconde
ligne interurbaine. Rien n'est plus simple et plus rapide que
ces manœuvres. Il s'agit maintenant de les analyser, en mon-
trant comment les courants circulent à travers la table, si l'on

peut s'exprimer ainsi, dans les différents cas qui peuvent se produire ; ces cas sont les suivants :

I. — Appel d'une ligne interurbaine.

a) Réponse de la téléphoniste, en positif, en négatif.

b) Communication de la téléphoniste avec le poste interurbain appelant.

c) Établissement de la liaison directe avec une autre ligne interurbaine, signal de fin de conversation.

d) Établissement de la liaison avec un abonné du réseau urbain, signal de fin de conversation.

II. — Appel provenant du réseau urbain par la ligne locale :

e) Réponse de la téléphoniste.

f) Communication de la téléphoniste avec le poste urbain appelant.

g) Établissement de la liaison avec une ligne interurbaine, signal de fin de conversation.

La figure 63 représente l'installation d'un des groupes de la table ; tous les groupes sont équipés d'une manière identique.

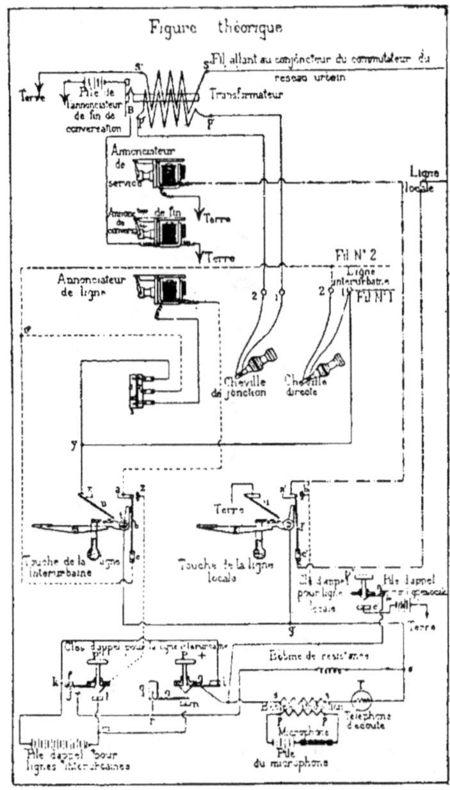

Fig. 63. — Installation d'un groupe.

I. — Lorsque le poste terminus d'une ligne interurbaine appelle, le courant, arrivant par la ligne n° 1, passe par le point y, les blocs 1 et 3 du conjoncteur, la bobine de l'annonciateur de ligne, les points a, b, c, de la touche de ligne interurbaine, et retourne sur la ligne n° 2. L'armature de l'annonciateur de ligne est attirée, le volet tombe.

a) La téléphoniste, avertie d'un appel par la chute du volet, abaisse la touche du clavier correspondant à la ligne d'où provient l'appel, et répond en appuyant sur sa clé d'appel, la clé positive, par exemple. Le circuit est constitué par : +, *m*, *n*, *o*, *q*, *r*, *bobine de résistance*, *s*, *g'*, *l*, *u*, *x*, *y*, *ligne* 1, *poste correspondant*, *ligne* 2, *c*, *b*, *z*, *clé* P', *f*, *k*, —. Une dérivation de ce courant a traversé le récepteur T, par P +, *g*, *circuit secondaire de la bobine d'induction*, T, *s*. La téléphoniste a pu constater l'état de la ligne au moyen de son récepteur, appliqué à l'oreille. Le circuit constitué par l'abaissement de la clé négative eût été le suivant : —, *k*, *f*, *j*, *r*, *bobine de résistance*, *s*, *g'*. *t*, *u*, *x*, *y*, *ligne* 1, *poste correspondant*, *ligne* 2, *c*, *b*, *z*, P', *l*, *m*, +. De même que dans le cas précédent, une dérivation du courant a traversé le récepteur T en passant par *k*, *i*, *g*, *circuit secondaire de la bobine d'induction*, T, *s*, où elle rejoint le circuit principal.

b) La touche de ligne interurbaine étant abaissée, l'appareil d'opérateur est dans le circuit, et la téléphoniste peut communiquer avec le bureau appelant. Les connexions sont les suivantes : *ligne* 1, *y*, *x*, *u*, *t*, *g'*, *s*, T, *circuit secondaire de la bobine d'induction*, *g*, *i*, *k*, *f*, *z*, *b*, *c*, *ligne* 2.

c) Le poste appelant a demandé la communication avec une autre ligne interurbaine : La téléphoniste prend la fiche de communication directe, l'introduit dans le conjoncteur de la ligne appelée, relève le volet de l'annonciateur de la ligne appelante et, par le jeu du levier spécial, ramène au repos la touche préalablement abaissée. Elle peut d'ailleurs, en abaissant de nouveau cette touche, introduire son appareil d'opérateur dans le circuit des deux lignes en correspondance. Des deux conjoncteurs appartenant aux lignes reliées, un seul est garni d'une fiche, celui de la ligne appelée; dans celui-là, la communication avec l'annonciateur a été coupée par l'introduction de la fiche; mais, dans le conjoncteur de la ligne appelante, l'annonciateur reste en dérivation sur le circuit des deux lignes réunies. C'est cet annonciateur de ligne qui sert d'annonciateur, de fin de conversation et son volet tombe, dès que l'un ou l'autre des interlocuteurs donne le signal réglementaire, en appuyant sur sa clé d'appel, grâce à la dérivation établie en 1, 2 entre le cordon souple de la fiche et le conjoncteur appartenant au même groupe.

d) Le poste appelé a demandé la communication avec un des abonnés du réseau urbain. Après avoir abaissé la touche de la ligne locale qu'elle veut utiliser, la téléphoniste appuie sur le bouton P'' (clé d'appel pour ligne locale). Le pôle négatif de la pile d'appel est à la terre; du pôle positif, le courant passe par *c'*, P″, *b'*, *d'*, *e'*, *ligne locale, annonciateur du commutateur central du réseau urbain, terre*. Au moment où la téléphoniste emploie son appareil d'opérateur pour demander à la téléphoniste du commutateur central de la mettre en relation avec l'abonné appelé, le circuit est constitué par : *ligne locale e'*, *d'*, *b'*, P″, *n'*, *circuit secondaire de la bobine d'induction*, T, *s*, *g'*, *u'*, *terre*. La fiche de jonction est alors placée dans le conjoncteur et la communication est ainsi établie. Pendant la conversation des deux abonnés, les courants circulent entre les deux postes par : *fil interurbain n° 1, y, plot 1 du conjoncteur, enveloppe extérieure de la fiche de jonction, 1, circuit p′ p′ du transformateur, 2, téton de la fiche de jonction, plot 2 du conjoncteur, o', fil interurbain n° 2*. Ces courants induisent dans le circuit *s' s'* du transformateur d'autres courants qui font fonctionner l'appareil du poste urbain en suivant le trajet : *terre, s's', fil allant au conjoncteur du commutateur du réseau urbain, ligne urbaine, abonné urbain, terre*. L'appareil d'opérateur de la téléphoniste desservant la table Mandroux peut être introduit dans le circuit en abaissant la touche de ligne interurbaine, qui se trouve en dérivation sur les deux conducteurs de la ligne interurbaine, aux points d'attache 1, 2 de la *cheville directe* ou fiche de communication directe.

Le signal de fin de conversation peut être donné par l'un ou l'autre des deux abonnés reliés ; le courant est ainsi lancé dans le circuit *p′ p′* du transformateur ou dans le circuit *s′ s′*. Dans les deux cas, le noyau du transformateur s'aimante, l'armature attirée, rencontre le contact B et ferme le circuit de la pile de l'annonciateur de fin de conversation sur ce dernier, dont le volet tombe.

II. — Lorsque l'appel provient d'une ligne locale, le courant venant de cette ligne passe par *e'*, *d'*, *a'*, traverse l'annonciateur de service et se rend à la terre ; le volet de l'annonciateur de service tombe.

e) Pour répondre, la téléphoniste abaisse la touche de ligne locale et presse sur la clé P″ ; le courant suit le trajet : *e'*, P″, *b'*, *d'*, *e'*, *ligne locale, poste appelant, terre*.

f) La téléphoniste de la table de coupure entre en relation avec sa camarade du commutateur central en utilisant le circuit : *ligne locale, e'*, *d'*, *b'*, P″, *n'*, *ss*, T, *s*, *g'*, *u'*, *terre*.

g) Comme dans le cas examiné au § *d)*, la téléphoniste relie l'abonné urbain à la ligne interurbaine, en enfonçant la fiche de jonction dans le conjoncteur de la ligne demandée.

Appareil de coupure pour bureaux centraux. — Dans les

bureaux centraux de moyenne importance, il n'est plus nécessaire d'employer une table spéciale, indépendante du commutateur urbain. La disposition de la table de coupure peut alors, sans inconvénient, être reportée sur le commutateur lui-même; c'est ce qui a été fait pour les réseaux de Nîmes, Montpellier, Béziers, Orléans, etc.

Dans ce cas, on installe, sur le commutateur général, autant de groupes identiques qu'il y a de lignes interurbaines à desservir. Chaque groupe (*fig.* 64) comprend un transformateur et un inverseur.

Le transformateur porte une armature à chacune des extrémités du noyau; ces armatures A, A', montées sur ressort, peuvent se déplacer entre deux butées, *r*, *n*, *r'*, *n'*.

L'inverseur est un commutateur dont la manette *a b*, pivotant autour d'un axe M, peut se placer sur deux groupes de plots, 1, 2 ou 3, 4. La manette est formée

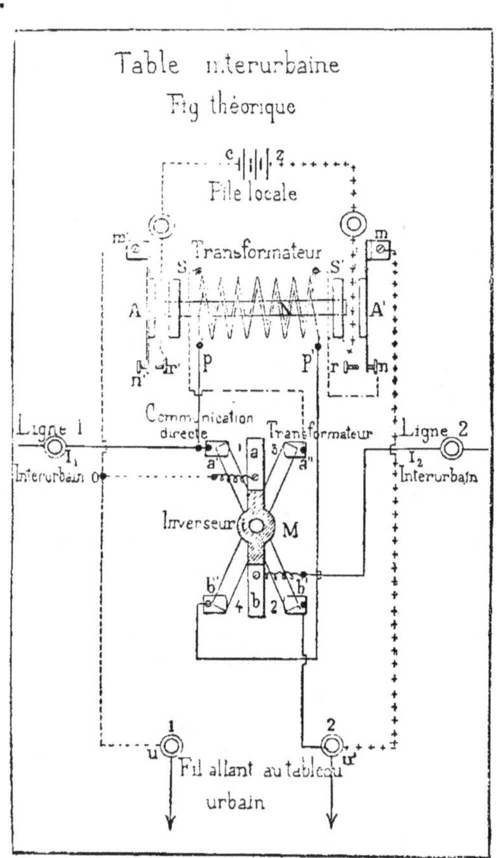

Fig. 64. — Appareil de coupure.

par deux lames métalliques *a*, *b*, isolées l'une de l'autre par une pièce de liaison *i* en ébonite. Les indications placées en regard des plots 1, 2 et 3, 4 font connaître leur affectation. On fait usage des plots 1, 2 (communication directe) pour relier la ligne interurbaine à une ligne urbaine à double fil; on emploie les plots 3, 4 (transformateur) pour unir la ligne interurbaine à une ligne urbaine à simple fil.

Que la manette de l'interrupteur soit dans la position a' b' ou dans la position a'' b'', l'appel de la ligne interurbaine parvient au commutateur central sur lequel l'annonciateur d'appel est intercalé entre les bornes u, u'.

La manette occupant la position a' b', le courant d'appel suit le trajet : *ligne* 1, a', *fil de raccord* a o, u, *annonciateur d'appel*, u', b', *fil de raccord* b, *ligne* 2; l'appel parvient donc directement à l'annonciateur. La manette occupant la position a'' b'', le courant d'appel passe par : *ligne* 1, *circuit* p p' *du transformateur*, b'', *fil de raccord* b, *ligne* 2. En traversant le fil p p', le courant d'appel aimante le noyau du transformateur; les armatures A, A', attirées, abandonnent les butées n', n, pour se porter sur les butées r', r, et ferment ainsi le circuit de la pile locale sur l'annonciateur d'appel. La marche de ce courant local est : z, r, A', m, u', *annonciateur d'appel*, u, m', A, r', c.

Suivant que, par la ligne interurbaine, la comunication a été demandée avec un abonné urbain, desservi par une ligne à double fil ou par une ligne à simple fil, la téléphoniste place la manette sur a' b' ou sur a'' b'' et enfonce sa fiche dans le conjoncteur de la ligne demandée.

Le circuit de conversation sur la ligne à double fil se compose de : *ligne interurbaine* 1, a', o, u, *ligne urbaine* 1, *abonné*, *ligne urbaine* 2, u', b', *ligne interurbaine* 2. La chute du volet de l'annonciateur, laissé en dérivation sur la ligne, indique, en temps utile, à la téléphoniste que l'entretien est terminé.

Le circuit de conversation sur la ligne à simple fil est le suivant : la ligne interurbaine est bouclée sur le transformateur par I_1, p p', b'', I_2. Les courants induits développés par p p' dans S S' ont leur circuit fermé par la terre en u' et la ligne d'abonné à simple fil en u, cette ligne possédant une terre chez l'abonné. Ce circuit se compose de : *terre*, *abonné*, *ligne*, u, o, a'', S S', n, A', m, u', *terre*. Le signal de fin de conversation est produit, comme pour l'appel, par la fermeture du circuit de la pile locale sur un annonciateur ou sur une sonnerie.

Appareil de coupure pour lignes embrochées. — La ligne Paris-Limoges dessert Châteauroux. Il faut que les deux postes extrêmes puissent communiquer entre eux et que le poste intermédiaire puisse aussi se mettre en relation avec l'un et l'autre des postes extrêmes. A cet effet, on a adopté une disposition spéciale à Châteauroux où la ligne Paris-Limoges est coupée, le tableau de Châteauroux étant embroché sur

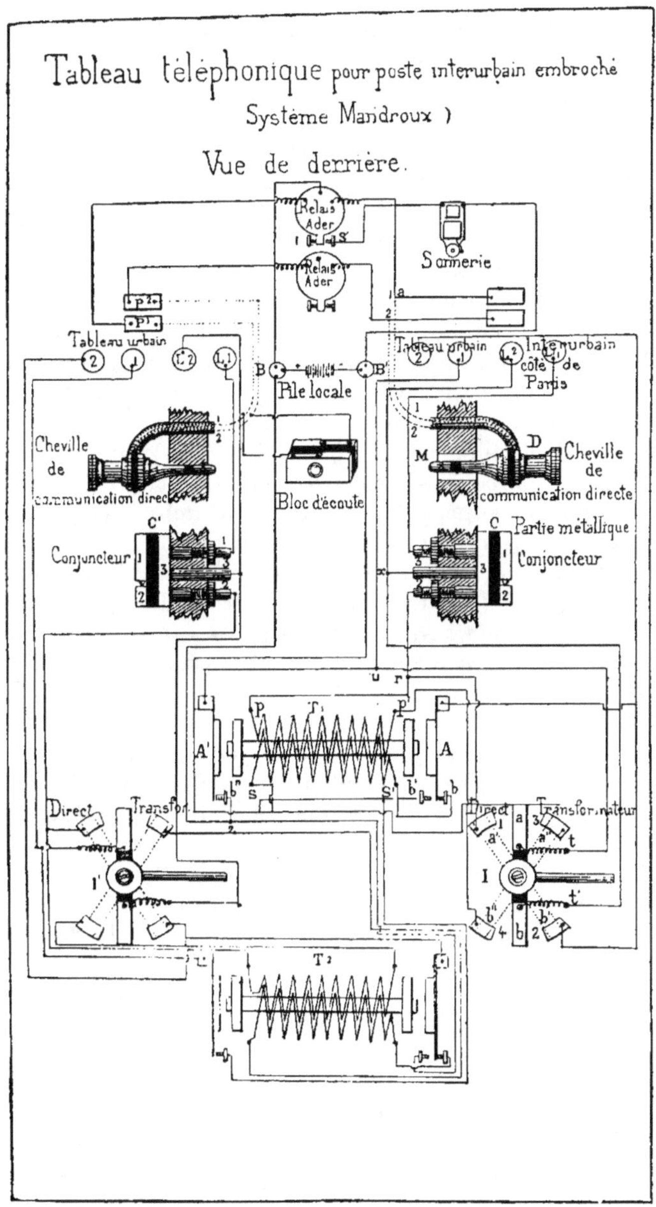

Fig. 65. — **Appareil de coupure pour lignes embrochées.**

cette ligne. Sur ce tableau, on a placé deux groupes identiques (*fig.* 65) correspondant l'un à la section Châteauroux-Paris, l'autre à la section Châteauroux-Limoges. Chacun de ces groupes comprend une fiche de jonction, un conjoncteur, un inverseur et un transformateur, organes précédemment décrits. Le tableau comporte, en outre, entre les deux groupes, des relais Ader déjà connus, et un *bloc d'écoute*, sorte de conjoncteur à deux plots isolés l'un de l'autre et percés d'un trou central pour recevoir une fiche.

L'extrémité de la ligne Paris-Châteauroux aboutit aux bornes L^1, L^2 (interurbain, côté de Paris); l'extrémité de la ligne Limoges-Châteauroux arrive aux bornes L^1, L^2 de gauche. Les deux lignes sont habituellement reliées directement par les cordons souples et par les fiches, placées dans leur conjoncteur respectif. De la sorte, la communication directe Paris-Limoges est établie par : *ligne* 1 (côté de Paris), *bloc* 1 *du conjoncteur C, enveloppe extérieure et conducteur* 1 *de la fiche D, a, relais Ader supérieur, plot* P^1, *conduteur* 1 *et gaîne extérieure de la fiche de gauche, plot* 1 *du conjoncteur C', ligne* 1 (côté de Limoges), *poste de Limoges, ligne* 2 (côté de Limoges), *plot* 3 *du conjoncteur C', téton et conducteur* 2 *de la fiche de gauche, plot* P^2, *relais Ader inférieur, conducteur* 2 *et téton de la fiche D, plot* 3 *du conjoncteur C, x, ligne* 2 (côté de Paris), *poste de Paris.*

L'emploi des relais Ader a pour objet de permettre aux deux postes extrêmes de s'appeler sans déranger le poste intermédiaire, tout en conservant la faculté d'appeler celui-ci lorsqu'ils le désirent. Il suffit, pour obtenir ce résultat, que les postes extrêmes utilisent, pour s'appeler entre eux, un courant d'un sens déterminé et qu'ils appellent le poste intermédiaire avec un courant de sens contraire. Sous l'effet du courant positif, par exemple, la bobine mobile du relais Ader s'appuie sur la butée I et le courant émis par Paris ou par Limoges circule entre ces deux villes sans produire d'effet à Châteauroux. Si l'on fait usage d'un courant négatif, la bobine du relais Ader s'appuie sur la butée S et ferme le circuit de la pile locale BB' sur la sonnerie : il y a appel du bureau de Châteauroux. Si Châteauroux veut appeler Paris ou Limoges, il doit rentrer sur la ligne, mais, au préalable, il doit s'assurer qu'aucune conversation n'est engagée entre les deux postes. A cet effet, la téléphoniste introduit dans le bloc d'écoute une fiche reliée à un appareil d'opérateur qui se trouve ainsi en dérivation sur le circuit.

Pour opérer la coupure, et pour se mettre en relation avec Paris, par exemple, la téléphoniste retire la fiche D du conjoncteur C et la place dans un plot de repos M, *entièrement métallique*. Le téton et la gaine extérieure de la fiche sont ainsi réunis et les deux fils interurbains (côté de Limoges) sont bouclés en M à travers la fiche D, tandis que les deux conducteurs (côté de Paris) restent isolés dans le conjoncteur C. Pour opérer la liaison de ces deux fils avec une ligne à simple ou à double fil du réseau urbain de Châteauroux, il suffit de manœuvrer l'interrupteur de droite et de le placer sur $a''b''$ ou sur $a'b'$, comme dans le cas de l'appareil de coupure pour bureaux centraux ; les circuits sont installés de la même manière. S'il s'agit de mettre la ligne Châteauroux-Limoges en communication avec un abonné du réseau urbain de Châteauroux, on agira sur l'interrupteur de gauche.

IV

Communications simultanées téléphoniques et télégraphiques.

Système de M. Cailho. — Dispositifs de M. Pierre Picard.

Système de M. Cailho. — Le procédé proposé par M. Cailho, ingénieur de l'Administration des Postes et des Télégraphes, n'entraine aucun changement ni dans l'installation ni dans le fonctionnement des appareils télégraphiques et téléphoniques. La ligne équipée avec ce système peut être utilisée par les appareils télégraphiques à transmissions rapides, tels que le Wheatstone et le multiple Baudot.

Voici en quoi consiste le procédé :

Les deux fils de la ligne téléphonique interurbaine sont accouplés en quantité, au moyen d'une bobine spéciale, de façon à ne former qu'un seul conducteur pour le service télégraphique.

Pour chacun des postes en communication, on place en dérivation, sur la ligne, un électro-aimant dont le double enroulement est formé par deux fils métalliques, soigneusement isolés l'un de l'autre, et enroulés simultanément sur le même noyau.

L'examen de la figure 66 montre nettement ce qui se passe : les courants électriques émis par l'appareil télégraphique A¹ se partagent en e, à l'entrée de la bobine auxiliaire A, en deux parties égales qui traversent les deux enroulements en sens inverse, par rapport à l'axe de la bobine. « Il s'ensuit que les courants télégraphiques n'éprouveront, dans cette bobine, aucun affaiblissement ou retard appréciable du fait de la self-induction, parce que les flux d'induction magnétique dus à chaque enroulement sont à tout instant de sens contraires et sensiblement égaux. »

« Il n'en sera pas de même pour les ondulations émanant de l'appareil téléphonique. On voit facilement, en effet, que les courants téléphoniques qui viendraient à passer par cette bobine parcourraient chacun des enroulements dans le même sens par rapport à l'axe du noyau. La bobine agira donc comme bobine de self-induction vis-à-vis de ces courants, et ceux-ci se propageront de préférence sur les fils de ligne proprement dits, les courants dérivés dans la bobine étant négligeables[1]. »

Il résulte de ce qui précède que les ondulations téléphoniques sont arrêtées par la bobine qui, d'autre part, ne retarde en aucune façon les courants télégraphiques.

Ces courants télégraphiques ne produiraient évidemment

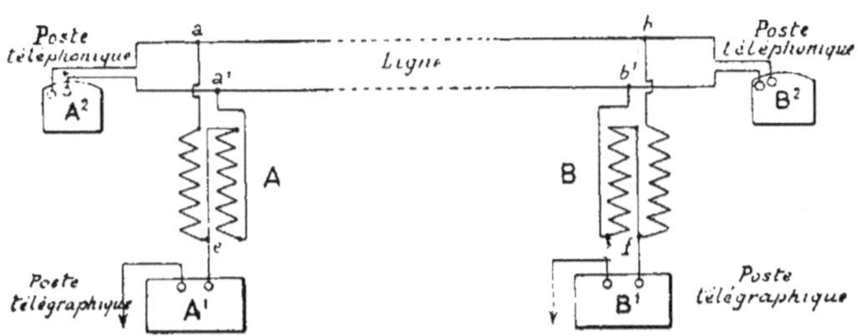

Fig. 66.

aucun bruit dans les appareils téléphoniques si les deux enroulements de la bobine, ainsi que les deux fils de ligne étaient identiques entre eux. Mais si cette identité peut facilement être obtenue dans la bobine, il n'en est plus de même sur la ligne; cette dernière condition n'est pas d'ailleurs indispensable, et on remédie au manque d'identité des deux fractions du courant, en donnant à chacun des enroulements de la bobine auxiliaire une résistance très faible avec une self-induction considérable.

On obtient ce résultat en augmentant les dimensions de la bobine et en employant pour les fils des deux enroulements une quantité de cuivre convenable.

Une bobine construite de la sorte, et placée en dérivation sur les deux fils du circuit, a pour effet d'éteindre les bruits produits dans les téléphones par le commencement des émissions télégraphiques. Reste à conjurer les effets de l'extra-courant de rupture qui se produit à la fin de chaque émission télégraphique.

1. *Annales télégraphiques.* janvier-février 1894.

Ici, l'emploi d'un condensateur est indiqué. On l'installera en dérivation, en réunissant une de ses armatures au fil qui joint l'appareil télégraphique à la bobine et en mettant l'autre armature à la terre.

D'après M. Cailho, ce condensateur est souvent inutile dans la pratique; mais, si l'on en fait usage, sa capacité dépendra de l'appareil télégraphique employé, de la résistance et de la capacité de la ligne, de la résistance et de la self-induction de la bobine auxiliaire.

L'inventeur pense que, sur les lignes de grande étendue, desservies par des appareils rapides, il conviendra d'employer

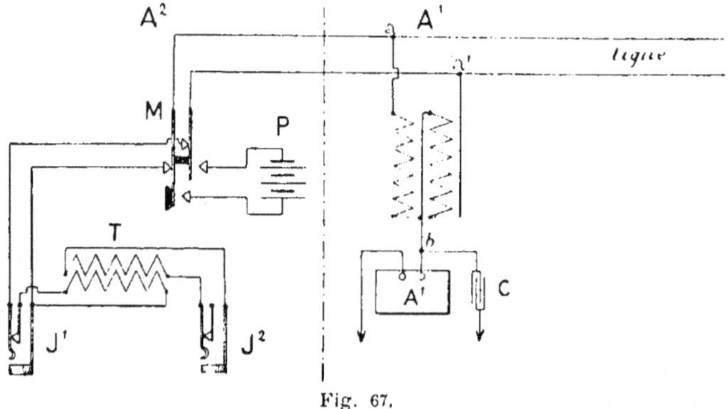

Fig. 67.

des bobines de dimensions assez fortes pour que le rapport de la self-induction à la résistance ait une valeur très élevée, et qu'il sera bon d'adjoindre des condensateurs à ces bobines.

Pratiquement, les dispositions à adopter seront les suivantes :

I. *Communication directe entre deux postes téléphoniques et deux postes télégraphiques* (fig. 67). — Soient A¹ le poste télégraphique, A² le poste téléphonique à l'une des extrémités de la ligne :

En a, a¹ la bobine auxiliaire sera placée en dérivation sur les deux conducteurs de la ligne; le condensateur C sera greffé en b sur le fil qui unit la bobine à l'appareil télégraphique.

Rien ne sera changé ni à l'installation télégraphique, ni à l'installation téléphonique.

Les deux conducteurs de la ligne aboutissent à la clé d'appel M, et nous admettons que, de là, ils se rendent à deux jack J¹, J², placés sur le tableau du poste central, et permettant de donner la communication aux abonnés desservis par une ligne à double fil, aussi bien qu'à ceux qui font usage d'une ligne à simple fil. On sait que, dans ce dernier cas, la ligne interurbaine est bouclée sur l'un des enroulements d'un transformateur T, tandis que le jack J^2 est monté sur l'autre enroulement. Le transformateur T est d'ailleurs calculé pour la ligne qu'il doit desservir.

Le jack J^1 est utilisé pour les communications métalliques avec les lignes à double fil; le jack J^2 est réservé pour les communications avec les lignes à simple fil.

Au moment de l'appel, le poste téléphonique A^2 abaisse sa clé d'appel M et, en mettant de la sorte les deux pôles de la pile P en relation avec les deux conducteurs de la ligne, il coupe toute communication de la ligne avec les appareils de son bureau. Le courant, ainsi lancé sur la ligne, est dérivé

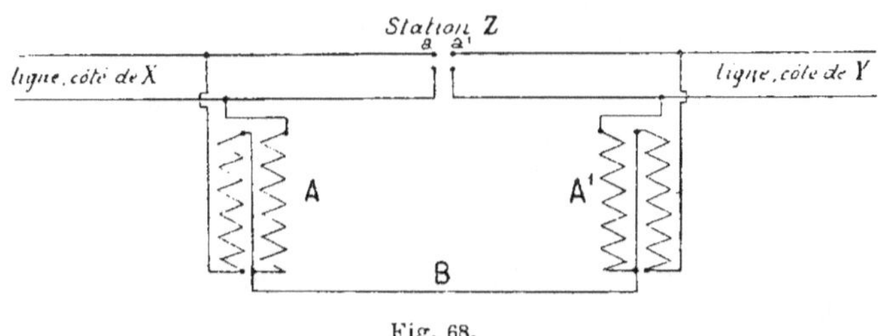

Fig. 68.

d'abord dans la bobine auxiliaire voisine du poste de départ, ensuite dans la bobine similaire voisine du poste d'arrivée. Il s'agit de savoir si, malgré ces deux dérivations, l'intensité du courant sera suffisante pour faire tomber le volet de l'annonciateur du poste appelé; généralement oui. Dans tous les cas, l'appel est assuré d'une autre manière : au moment où la clé du poste appelant se relève, il se produit au poste appelé, grâce à la bobine auxiliaire, un extra-courant très énergique et de durée suffisante pour provoquer la chute du volet de l'annonciateur.

II. *Cas d'un poste téléphonique intermédiaire* (fig. 68). — Les deux sections de la ligne interurbaine aboutissent, dans le poste intermédiaire, à deux jacks a, a^1 qui permettent de communiquer séparément avec chacune des stations extrêmes, ou bien de leur donner la communication directe.

Les stations extrêmes étant équipées comme dans le cas précédent, au poste intermédiaire, on place une bobine auxiliaire sur chacune des sections et on réunit en court circuit, en B, ces deux bobines A et A^1.

Le service télégraphique est continu à travers ces bobines. Quant au service téléphonique, on peut, comme nous venons de le dire, communiquer isolément ou simultanément avec les deux stations extrêmes, ou bien leur donner la communication directe.

III. *Cas d'un poste télégraphique intermédiaire* (fig. 69). — C'est une simple greffe, sur un point déterminé de la ligne, du dispositif que nous avons examiné au sujet des postes extrêmes.

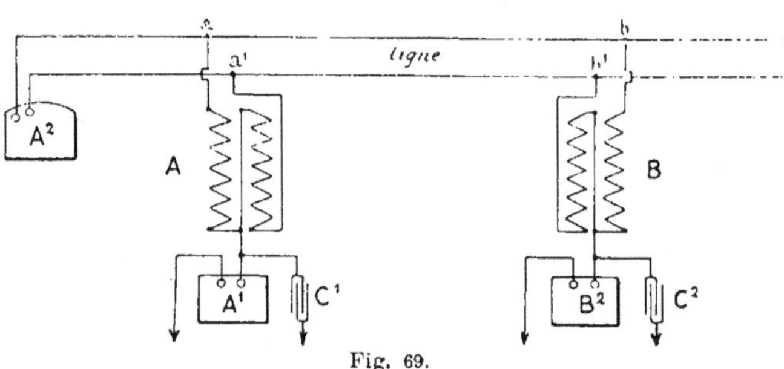

Fig. 69.

A¹ est le poste télégraphique de départ greffé en a, a¹ sur le poste téléphonique A²; il possède la bobine A et le condensateur C¹. Le poste télégraphique intermédiaire B² est greffé en b, b¹ sur la ligne, et est équipé avec la bobine B et le condensateur C².

IV. *Cas d'un poste télégraphique et d'un poste téléphonique*

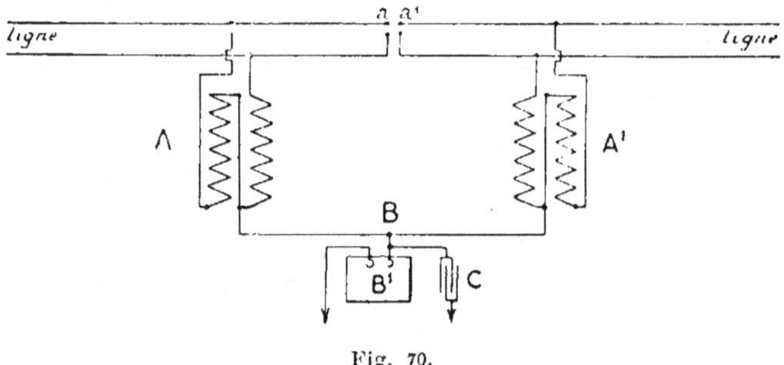

Fig. 70.

intermédiaires (fig. 70). — C'est la reproduction du dispositif de la figure 68 avec un poste télégraphique B¹, greffé en B sur le fil qui relie les deux bobines auxiliaires, et pourvu d'un condensateur C.

M. Cailho envisage enfin le cas où le poste télégraphique
est, lui aussi, à deux directions, c'est-à-dire peut communiquer
avec l'une ou l'autre des deux stations extrêmes, ou bien leur
donner la communication directe.

Dans ce cas particulier, le poste téléphonique est à deux
directions, aussi bien que le poste télégraphique.

La figure 71 représente le dispositif à adopter.

En ce qui concerne le service télégraphique, le cas ne diffère
pas de ceux que nous avons examinés; A¹, B¹ sont les deux
postes indépendants avec leurs bobines A, B et leurs conden-

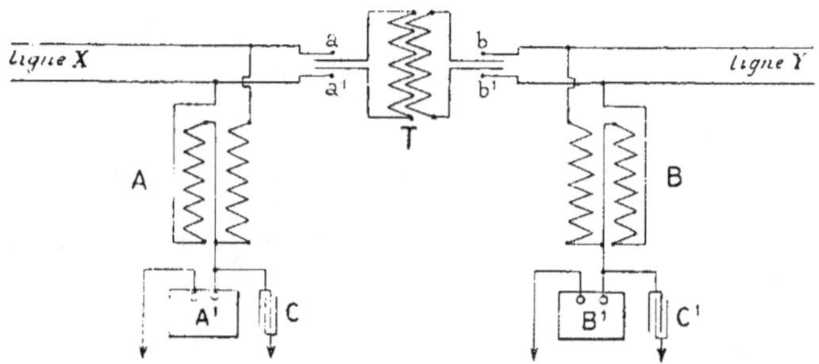

Fig. 71.

sateurs C, C¹. De même, le poste téléphonique peut travailler,
comme poste extrême, avec chacune des sections de la ligne;
mais, pour donner la communication directe entre X et Y, il
fera usage d'un transformateur T, monté sur un des cordons
de service.

« Si d'aventure, dit M. Cailho, on voulait que les deux postes
extrêmes pussent se rappeler mutuellement, sans l'intervention du personnel du bureau intermédiaire, il serait facile de
résoudre cette question au moyen de transformateurs intermédiaires auxquels on ferait jouer le rôle de translateurs ou,
en d'autres termes, que l'on disposerait en translation entre
les deux sections de la ligne. »

On voit que, dans ce qui précède, le transformateur est
employé pour couper la ligne par rapport aux courants con-
tinus, tout en lui laissant la continuité par rapport aux courants
ondulatoires émis par les téléphones : c'est un usage auquel *les
transformateurs sont employés depuis l'origine de la téléphonie.*

« Mais ici, il importe d'observer que l'emploi du transformateur est, comme dans les autres cas examinés, laissé à l'appré-
ciation du service téléphonique : le poste intermédiaire pourra,

par exemple, ne pas l'employer pour sa propre correspondance ou celle de ses abonnés avec la section de droite ou avec la section de gauche ; et, pour donner la communication entre les deux sections, s'il se sert d'un transformateur, il emploiera un transformateur convenablement disposé et approprié à la ligne [1]. »

Le système de M. Cailho a été essayé avec succès :

1° Sur le circuit Paris-Marseille avec poste téléphonique intermédiaire à Lyon ; les appareils télégraphiques en service étaient d'abord le Wheatstone automatique, puis le Baudot quadruple (1890-1891) ;

2° Sur le circuit Paris-Nantes, avec le Wheatstone, puis avec le Baudot quadruple ;

3° Sur un circuit Paris-Londres, avec le Hughes et le Wheatstone simple et duplex.

Dispositifs d'appel de M. Pierre Picard. — Les nouveaux dispositifs de M. Pierre Picard sont basés sur le même principe que le *pont téléphonique*, décrit à la page 398 de *Téléphonie pratique* ; mais ici, le conducteur commun aux deux circuits,

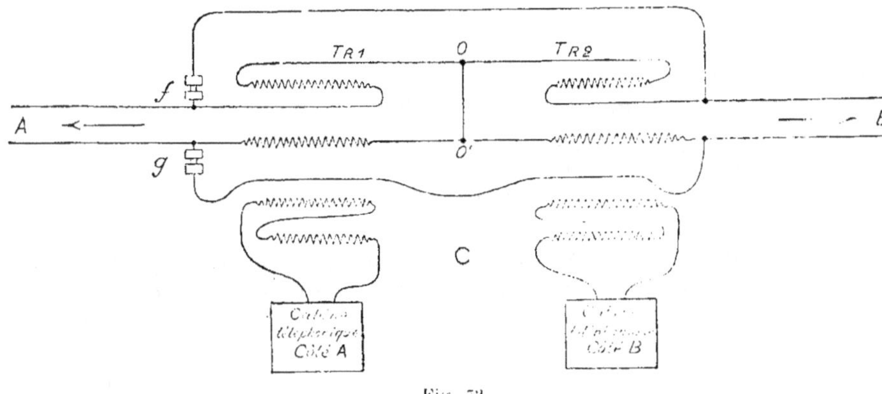

Fig. 72.

et qui sert à les boucler, n'est autre que la pile elle-même intercalée entre les points O et O' (*fig.* 72).

A. — Appel avec une clé simple fil et un transformateur différentiel servant de relais à un annonciateur ou à une sonnerie (*fig.* 73).

Ce dispositif ne comporte pas d'appel phonique ; mais, pour le réaliser, M. Picard a dû apporter de légères modifications à

1. *Annales télégraphiques*, janvier-février 1894.

son transformateur différentiel. (Voir *Téléphonie pratique*, p. 394.) Une armature a, montée sur ressort, a été ajoutée à ce transformateur; elle peut se déplacer entre deux butées, b, c; b est un simple contact d'arrêt; c est relié à la bobine de l'annonciateur E.

Les communications du poste téléphonique et du poste télégraphique sont celles que M. Picard établit habituellement dans ses installations. Le poste télégraphique est relié à la borne T du transformateur; le poste téléphonique, aux bornes t_1, t_2. Le plot de travail de la clé d'appel C est relié à la borne L_2 du transformateur; le plot de repos est réuni au fil de sortie des bobines de l'annonciateur E. Entre la borne L_1 du trans-

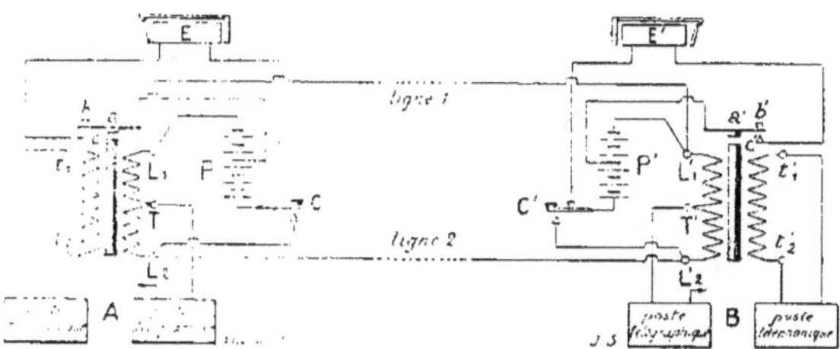

Fig. 73.

formateur et le ressort de la clé C est intercalée la pile d'appel P. L'armature a du transformateur est mise en communication avec la pile d'appel, de façon à constituer avec cette pile et l'annonciateur E un circuit local traversé, au moment voulu, par un courant d'intensité convenable. Le point de la pile P, auquel est reliée l'armature a, dépend donc, dans chaque cas particulier, de la résistance et du réglage de l'annonciateur E.

Lorsqu'on abaisse la clé d'appel C du poste A, le circuit de la pile P est fermé entre les bornes L_1, L_2 du transformateur, mais le courant traverse aussi les fils de ligne et le circuit L'_1, L'_2 du transformateur du poste B. Dans ces deux postes, les armatures des transformateurs sont attirées et prennent contact avec les plots c, c'. Au poste A, dont la clé est abaissée et, par conséquent, a abandonné son plot de repos, le circuit local est ouvert en ce point; l'annonciateur E ne fonctionne donc pas. Au contraire, au poste B, la clé C' est au repos et le circuit local de l'annonciateur E' est fermé par P' a' c' E' C'; l'armature de cet annonciateur est attirée et le volet tombe.

B. — Appel direct avec une clé simple fil et un annonciateur ou une sonnerie en dérivation (*fig.* 74).

Dans ce dispositif, l'armature du transformateur différentiel n'a plus sa raison d'être; elle a été supprimée. L'annonciateur est en dérivation entre les bornes L_1, L_2 du transformateur. La pile est insérée entre la borne L_1 et le plot de travail de la clé C; le massif de cette clé est relié à la borne L_2.

Au moment où le poste A abaisse la clé C, le courant se bifurque entre le circuit L_1, L_2 du transformateur et la ligne; l'annonciateur E ne fonctionne pas, puisque son circuit est ouvert entre le massif de la clé C et son plot de repos. Ce circuit est, au contraire, fermé au poste B. Le courant, en arrivant à ce poste, traverse le circuit L'_1, L'_2 du transformateur, lançant une dérivation dans l'annonciateur par L'_1, E' C'; l'armature de l'annonciateur est attirée et le volet tombe.

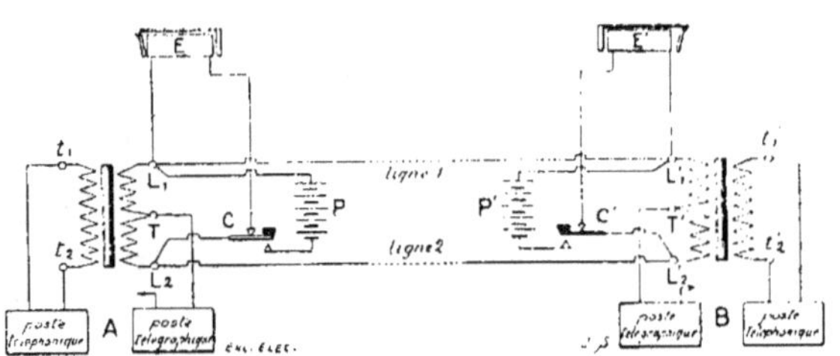

Fig. 74.

On peut se demander comment, dans un semblable système, l'indépendance des appels téléphoniques et des appels télégraphiques peut être maintenue. Cette indépendance résulte de la construction même du transformateur.

En effet, le courant lancé par le poste télégraphique se distribue sur les deux fils de ligne en deux fractions égales et de même sens; par conséquent, en raison de la symétrie du système, les bornes L_1, L_2 sont au même potentiel; c'est précisément entre ces bornes qu'est placé l'annonciateur; il ne saurait donc être influencé.

Pendant les appels téléphoniques, les courants circulent en boucle à travers les enroulements symétriques du transformateur, et le point où le potentiel est zéro se trouve à la borne T; c'est en ce point qu'est attaché le poste télégraphique.

C. — Appel avec une clé simple fil et un relais Ader à double enroulement, actionnant un annonciateur ou une sonnerie (fig. 75).

Le relais Ader est embroché sur les deux lignes, chacun des conducteurs correspondant à un des enroulements du relais.

Sous l'action des courants télégraphiques, le relais ne fonctionne pas; c'est qu'en effet, ces courants égaux, et de même sens sur les fils de ligne, traversent les deux enroulements du relais en sens inverse, et sont sans influence sur cet organe qui reste inerte.

Les courants destinés aux appels téléphoniques s'ajoutent,

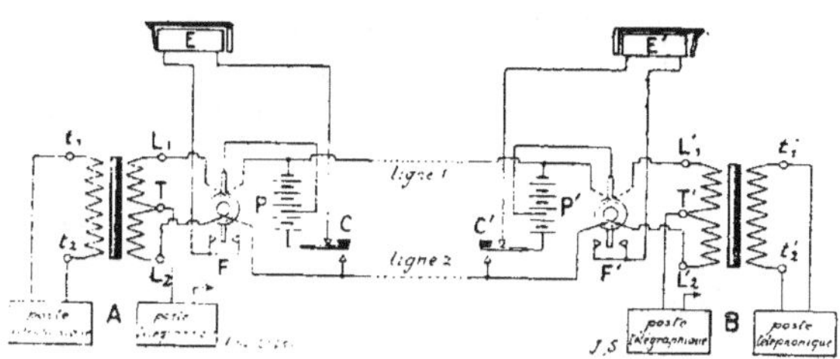

Fig. 75.

au contraire, en traversant les deux enroulements du relais; la bobine mobile de celui-ci vient s'appuyer sur une des butées et ferme le circuit local de l'annonciateur.

Dans le poste qui appelle, le circuit reste ouvert, par suite de l'abaissement de la clé; seul l'annonciateur du poste appelé laisse tomber son volet.

Les trois dispositions que nous venons de décrire peuvent

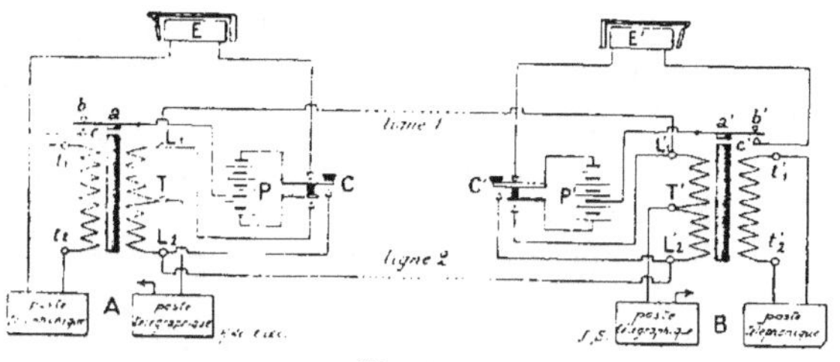

Fig. 76.

donner lieu à trois nouvelles combinaisons, en remplaçant la clé simple fil par une clé double fil.

A_1. — Appel avec une clé double fil et un transformateur différentiel servant de relais à un annonciateur ou à une sonnerie (fig. 76).

Cette installation ne diffère pas sensiblement de celle que représente la figure 73. On sait que la clé double fil a pour objet de puiser simultanément aux deux pôles de la pile. Habituellement, elle se compose de deux ressorts isolés l'un de l'autre et s'abaissant en même temps, sous l'action de la main, pour prendre contact avec deux plots de travail. Ici, les deux ressorts sont réunis aux deux pôles de la pile, tandis que les deux plots de travail communiquent avec les deux conducteurs de la ligne.

Connaissant le dispositif du § A, il est facile de suivre, sur la figure 76, la marche des courants. Dans ce cas, comme dans l'autre, c'est l'armature du transformateur qui, lorsqu'elle est attirée, ferme le circuit local de l'annonciateur du poste appelé.

B_1. — Appel par une clé double fil avec un annonciateur ou une sonnerie en dérivation (*fig.* 77).

Fig. 77.

C'est ce mode d'installation qui réunit les sympathies de M. Picard; il en donne les raisons suivantes :

En premier lieu, l'emploi de la clé double fil présente l'avantage de ne pas laisser, en permanence, un des pôles de la pile en relation avec la ligne.

Cette communication permanente d'un pôle de la pile avec la ligne n'aurait rien en soi de dangereux s'il n'était à craindre qu'une prise de terre accidentelle par le pôle opposé de la pile ne constituât une cause de dérangement.

En second lieu, tous les appareils accessoires sont supprimés, et il n'est pas nécessaire d'avoir recours au relais Ader, ni même à l'armature supplémentaire, ajoutée au transformateur différentiel, pour en faire un relais.

Dans le cas de la clé simple, comme dans celui de la clé double, les annonciateurs en dérivation doivent avoir une résistance d'au moins 400 ohms.

Comme pour le dispositif précédent, les explications paraissent superflues; il semble suffisant d'examiner la figure 77 et de se reporter à ce que nous avons dit au sujet de la clé à simple fil § B. On voit qu'au poste qui appelle, le circuit de l'annonciateur est coupé, tandis qu'il est resté fermé au poste appelé.

C_4. — Appel avec une clé double fil et un relais Ader différentiel, actionnant un annonciateur ou une sonnerie.

C'est un dispositif analogue à celui que représente la figure 75, à cette différence près que la clé simple est remplacée par une clé double, ce qui a permis de supprimer la communication permanente d'un des pôles de la pile avec la ligne.

TABLE DES MATIÈRES

I

**Appareils d'abonnés nouveaux, modifiés ou rayés des listes
d'admission sur les réseaux de l'État.**

RÉCEPTEURS

PILES MICROPHONIQUES

TRANSMETTEURS

II

Appareils accessoires.

III

Installation des lignes et des postes.

INSTALLATION DES LIGNES

INSTALLATION DES POSTES

IV

Communications simultanées téléphoniques et télégraphiques.